아이와
간다면,
캐나다

아이와 간다면, 캐나다

박은정 지음

길벗

"코로나19 시국이 언제 끝날까요?"

"아이에게 가상이 아닌 진짜 세상을 보여주고 싶어요."

"갑자기 들이닥친 인터넷 세상에서 어떻게 살아야 할까요?"

잠시 스쳐 지나갈 줄 알았던 코로나19는 생각보다 긴 시간 우리를 괴롭혔습니다. 그리고 우리 일상을 송두리째 바꿔놓았지요. 코로나란 녀석에게 우리는 참 많은 자유를 빼앗겼습니다. 사람 만날 자유, 학교 갈 자유, 밖에 나가 놀 자유, 그리고 여행 갈 자유마저 말이죠.

학교도 못 가고, 나가서 뛰어놀지도 못한 채 집에 갇혀 컴퓨터로만 세상을 만나는 아이를 보면서 얼마나 안타까웠는지 모릅니다. 얼른 코로나 시국에서 벗어나 빼앗겼던 모든 자유를 되찾고 싶은 마음이 간절했지요. 지긋지긋한 거리두기 생활만 끝나면 어디론가 훌쩍 떠나고 싶었던 건, 저뿐만이 아니겠지요?

코로나19가 세계를 덮치기 전, 한국에서는 영어 교육에 대한 열

망과 한달살기 여행에 대한 관심이 더해져 미국, 영국, 캐나다 등 영미권 나라에서 살아보기, 한마디로 가족 영어연수의 붐이 막 일었습니다. 아이들 손을 잡고 여행길에 올랐거나 한창 여행을 준비하는 부모님들이 참 많았지요.

당시 저는 아이와 함께 2년간 캐나다에서 살아보기 여행을 하고 온 영어 교육 전문가로서, 이런저런 자리에서 현지에서의 영어 교육법, 실질적인 생활 팁, 여행 정보 등을 강의했습니다. 살아보기 여행에 대해 구체적으로 문의해오는 메일도 종종 받았고요. 하지만 코로나19의 확산과 함께 가족 영어연수 강의와 메일은 뚝 끊겼습니다.

그리고 2여 년이 지난 요즘, 사회적 거리두기가 해제되고 일상이 조금씩 회복되면서 다시금 간간이 메일을 받습니다.

"코로나 끝나면 선생님처럼 아이와 캐나다에 다녀오려고 해요."

코로나19 이전에 '해외에서 살아보기 한번 해야지' 했던 마음과 계획은 잠시 접어두었던 것뿐이지 아예 버린 것은 아니었나 봅니다.

온라인 세상에서도 영어가 중요한가요?

코로나19 바이러스는 세상의 패러다임을 완전히 바꾸어놓았습니다. '아무 데도 못 가고 우물 안 개구리로 살게 되면 어떡하지?' 하는 것은 기우였어요. 인터넷 기반의 다양한 매체들이 급속하게 발전하여, 내 방에서 세상 사람들과 소통하며 일하는 시대가 말 그대로 들이닥쳤으니까요. 또한 문화 콘텐츠는 더욱 발전하여 유튜브나 OTT가 여가 시간을 채워주는 최고의 매체가 되었습니다. 덕분에 우리의 K-문화는 더욱 빠르게 세상으로 퍼져나가 세계 문화 교류의 주축으로 자리매김하고 있지요.

이런 변화를 직접 목격하고 경험하면서 느낀 것이 있습니다. 영어가 이전보다 '훨씬 더' 중요해졌다는 사실이지요. 이제 누구에게나 세계를 무대로 일하고 공부할 수 있는 기회가 열렸습니다. 이 '기회'를 자기 것으로 움켜잡기 위해 꼭 갖춰야 할 기본 도구가 있다면, 바로 '영어'입니다. 자기 의사를 자유롭고 설득력 있게 표현하는 언어로서의 영어 능력 말이에요.

얼마 전 미국 아카데미 시상식에서 윤여정 배우는 유머와 위트, 그리고 감동의 수상소감을 통역자 없이 직접 영어로 발표했고, 드라마 〈파친코〉의 주연배우 김민하는 각종 인터뷰에서 유창한 영어 실력으로 본인만의 스토리를 감동적으로 들려주었지요. 그들의 수상소감과 인터뷰는 책상머리에 앉아 머리 싸매고 공부해서 얻은 실력이 아니었어요. 영어 생활권을 몸소 경험했거나 영어로 된 콘텐츠를 많이 보고 들으면서 키운 것이었지요.

더 이상 영어는 학교 성적이나 입시를 위한 교과목이 아닙니다. 우리 아이들을 넓은 세상으로 이끄는 '성공의 열쇠'가 될 수도 있어요.

"그래도 성적이 잘 나와야 좋은 대학에 가죠!"

아이의 영어 공부 목표를 성적에 잡는다면 한국에서 학원을 보내는 편이 더 효과적입니다. 하지만 아이가 시험 성적보다 세계 무대에서 자신의 생각을 자유롭게 표현하는 능력을 갖추길 바라면 학원 대신 캐나다에서 1년 살아보기를 권합니다. 영어에 자연스럽게 노출되어 일상의 언어로서 영어를 즐겁고 재미있게 익힐 수 있도록 말이에요.

왜 캐나다여야 하나요?

영어 공부를 위해 캐나다에서 살아보기를 권하면 '미국과 영국, 호주, 뉴질랜드, 하다못해 필리핀, 싱가포르, 말레이시아 같은 동남아시아 나라도 많은데 왜 하필 캐나다냐'고 많이들 묻습니다. 영어를 배울 수 있고, 다른 문화를 체험할 수 있으며, 다양한 세상을 경험할 수 있는 곳이라면 어디든 좋겠지요. 가성비로 따지면 영어를 공용어로 쓰는 동남아시아 나라들이 더 나을 수도 있을 테고요. 그럼에도 제가 영미권, 특히 캐나다를 권하는 데에는 몇 가지 이유가 있어요.

먼저, 무엇보다 영어가 '모국어'여야 합니다. 필리핀, 말레이시아에서도 충분히 영어를 잘 배울 수 있어요. 하지만 동남아시아 나라들은 영어가 제2언어, 즉 영어가 ESL English as a Second Language입니다. 모국어냐 아니냐는 큰 차이가 있습니다. 영어를 배울 때는 언어의 형식(파닉스, 어휘, 문법 등)은 물론이고 실제 의사소통 방식을 익히는 것이 매우 도움이 되지요. 사용하는 사람들의 문화가 언어 습득에는 주효하거든요. 요즘 교육 관련 대학이나 대학원의 영어과에서는 영어의 듣기, 말하기, 읽기, 쓰기 영역만큼 중요하게 가르치는 분야가 있습니다. 바로 영어를 쓰는 나라와 우리나라의 문화 차이입니다. 서로 배려하고 이해하며 제대로 된 소통을 하려면 무엇보다 그 나라의 문화를 배울 필요가 있겠지요.

다음은 '비용' 문제입니다. 많은 분들이 걱정하는 부분이지요. 다행히 캐나다의 물가는 서울과 비슷한 정도예요. 과일, 야채, 고기 등 시장 물가는 우리보다 오히려 싼 반면, 음식점이나 카페처럼 서비스업의 가격은 높은 인건비 탓에 한국보다 조금 더 비쌉니다. 평균적으로 비슷하다고 봐도 무방할 거예요. 학비와 집세가 들어가지만, 학비는 한국에서 아이들 학원비에 조금 더 돈을 보탠다 정도입니다. 그것도 이리저리 비용을 절약할 수 있는 방법도 많구요. 생활비는 결국 쓰기 나름인지라, 최대한 아껴 쓰면 한국에서 생활하는 비용 정도로 캐나다에서 생활할 수 있답니다.

여기에 하나 더, 안전 문제를 빼놓을 수 없습니다. 엄마 혼자서 아이를 데리고 낯선 타국에서 살기 위해서는 사회 치안이 잘 되어 있고 외국인에 대한 시선도 개방적이어서 차별이 없는, 사회안정성이 높은 나라여야 하지요. 캐나다는 여러 민족이 조화롭게 어울려 사는 모범적인 다문화 사회이면서 자연 친화적이고 치안이 안전한 나라입니다. 게다가 아이들에 대한 교육 지원 정책도 훌륭하지요. 아이와 함께 영어연수를 떠나기에 캐나다만 한 곳은 드물다고 자부합니다.

솔직히 영어를 잘한다는 기준은 사람마다 제각각이에요. 언어를 익히는 속도도 아이마다 천차만별이라 캐나다에서 얼마간 산다고 무조건 영어가 해결된다고 장담하기는 어렵습니다. 하지만 분명한 것은 캐나다에서 살기 전과 살고 난 후의 영어 실력은 확실히 차이가 납니다. 특히 듣기와 말하기 영역에서는 더욱더요.

다시 말하지만, 아이가 영어 성적보다 세계 무대에서 자신의 생각을 자유롭게 표현하는 능력을 갖추길 바란다면, 학원 대신 캐나다에서 1년 살아보기를 강력 추천합니다. 타인과 부대끼며 배운 영어는 언어적 기술만이 아니라 영어를 모국어로 쓰는 사람들의 사고와 문화는 물론이고, 값진 인생 경험까지 함께 얻을 수 있으니까요. 거기에다 현지에서 만난 캐나다 친구와 화상 통화로 특별한 인연을 이어간다면? 이보다 더 좋을 순 없겠지요!

자, 선택은 각자의 몫입니다. 갇혀 지냈던 지난 2년 여의 시간이 몹시 안타깝지만, 우리는 그 시간을 반면교사 삼아 앞으로 나아가야 합니다. 우리 아이들의 미래는 지금보다 더 멋져야 하지 않을까요? 책상 앞이 아닌 드넓은 캐나다의 자연에서 아이들의 멋진 미래를 설계해보세요.

"영어 학원 12년 대신 1년 캐나다 어학연수! 어때요?"

2022년 6월 박은정

차례

3장 어느 날 아이가 말했다 행복하다고! 110

4장 아는 만큼 쉬워지고, 겪은 만큼 편해지는 캐나다살이 166

1장

아이와 간다면, 꼭 캐나다

한달살기, 세달살기, 일년살기를 꿈꾸며 떠나는 많은 사람들처럼 나도 아이를 데리고 외국에서 일 년을 살아보자고 마음먹었다. 나는 무엇보다 아이가 넓은 세상을 직접 보고 경험하고 느끼길 바랐고, 학원으로 뺑뺑이 돌지 않고 드넓은 자연에서 마음껏 뛰어놀기를 원했다. 하지만 솔직히 말하자면, 아이가 편안하고 자연스러운 환경에서 영어를 익혔으면 하는 흑심이 컸다. 그래서 떠난다면 영어가 모국어인 영어권 나라로 가자고 결심했다. 필리핀이나 말레이시아 같은 동남아시아의 나라들은 언제든 짬을 내어 다녀올 수 있으니 아껴두기로 했다. 처음에는 누구나 그러하듯 '영어 하면 미국'이라고 여겼지만 미국은 벽이 높았다. 미국을 지우니 캐나다가 눈에 들어왔다. 천혜의 자연환경이란 이미지도 좋았고, 미국과 가깝다는 사실도 마음에 들었다. 영국과 아일랜드, 호주, 뉴질랜드도 매력적이었지만 교육시스템이나 안전, 물가 등을 고려하니 캐나다가 최선이란 생각이 들었다. 그리고 2년을 살아보고 난 지금, 그때의 선택이 탁월했음을 확신한다.

아이들과 영어권 나라에서 잠시 살아보기를 꿈꾸는 누군가에게, 아니면 꼼꼼히 유학을 계획하고 있는 누군가에게도 나는 '캐나다'를 추천한다. 그리고 감히 말한다. 캐나다는 한 달을 살기에도, 세 달을 살기에도, 일 년을 살기에도 참 좋은 나라라고! 아이와 간다면, 바로 캐나다라고!

자연을 품은 도시

아이와 함께 다른 나라에서 살아보기로 마음먹었다면 어디로 갈지부터가 고민이다. 친척이나 지인이 외국에 있다면 보통 그곳으로 간다. 여행을 준비할 때나 가서 위급한 일을 당했을 때 도움을 받을 수도 있고, 심적으로도 의지가 많이 되기 때문이다. 누군가는 오래 전부터 마음에 점찍어둔 곳이 있을지 모른다. 내 인생의 버킷리스트에 올려놓은 '꼭 가보고 싶은 곳' 말이다.

하지만 대부분은 어디로 갈지 막연해 한다. 나도 그랬다. 그래서 '어떤 곳'이어야 하는지 조건을 붙여보았다.

'영어 환경에 최대한 자연스럽게 노출된 나라가 좋지. 그리고 엄마 혼자 아이 데리고 지낼 곳이니까 치안을 안 따질 수가 없겠네. 아, 이왕이면 날씨도 좋아야겠다. 쾌적하고 따뜻해야 정해진 기간 내내 최대한 즐기고 오지.'

그렇게 조건을 따지고 나니 이번에는 선택의 기로에 놓였다.

'교통이 편리하고 편의시설이 잘 갖춰진 도시가 좋을까, 아니면 생활이 조금 불편하더라도 자연과 가까운 곳이 좋을까? 복잡한 도시 생활에 지쳤으니 한적하고 공기 좋은 곳으로 가? 아니지, 혼자 아이 데리고 가는데 생활하기 불편하면 어떻게 살아.'

쉽사리 마음을 정하지 못하고 오락가락하다가 눈이 번쩍 뜨이는 선택지를 발견했다. 그곳은 바로 캐나다, 그중에서도 밴쿠버!

그간 많은 나라의 도시들을 여행했지만, 캐나다의 밴쿠버만큼 도시와 자연이 절묘하게 조화를 이루는 곳을 보지 못했다. 도시 깊숙이 천혜의 자연이 들어와 있는 밴쿠버는 전혀 다른 두 생태가 공존하는 아름다운 곳이다. 나는 편한 도시의 삶을 누리면서 가슴 확 트이는 자연의 울창함에 매일 감사하며 살다가 돌아왔다. 멀리 여행을 가서야 만날 수 있는 그런 자연을 바로 옆에 두고 만끽할 수 있는 생활이란? 하늘이 준 혜택이었다!

밴쿠버는 글로벌시티로도 위상이 높다. 전 세계 사람들이 가장 살고 싶어하는 도시로 해마다 다섯 손가락 안에 꼽힐 정도다. 만약 시간과 돈을 들여 아이와 외국에서 한달살기를 떠나기로 결정했다면, 영어를 모국어로 사용하는 자연 친화 도시 밴쿠버에서 다양한 경험을 쌓으며 언어와 문화의 감수성을 키워보면 어떨까.

캐나다는 선한 나라

살아보기 여행을 준비하면서 아이가 자연스럽게 영어를 배울 수 있는 원어민 환경을 첫 번째 조건으로 삼았다면 그다음 고려사항은 '안전'이었다. 낯선 타지에서 남편도 없이 혼자 오롯이 아이를 책임져야 하는 상황이다 보니 무엇보다 '치안'에 민감할 수밖에 없었다. 그런 상황에서 선택한 나라가 캐나다였다. 2년을 살다 온 지금,

누군가 "캐나다는 어떤 나라예요?" 묻는다면 나는 서슴지 않고 대답할 것이다, "선한 나라!"라고. '선하다'는 말에는 정직, 안전, 공평, 친절, 배려, 평등 같은 많은 의미가 담겨 있다. 그 모든 의미를 담아서 나는 캐나다를 선하다고 평가한다.

엄마 혼자 아이들 데리고 낯선 나라에 가서 사는데 치안이 불안하다면 어떨까? 신뢰하기보다는 의심하고 흥정해야 하는 상황이라면 아이들은 무엇을 보고 배울까? 다르다는 이유로 편견과 차별의 시선에 상처받는 아이들을 어떤 말로 이해시키고 위로해야 할까?

물론 범죄 한 건 없이 100% 안전하고 100% 정직한 나라는 없을 것이다. 다른 나라에 비해 조금 더 나은 나라가 있을 뿐이다. 그렇게 보면 캐나다는 그런대로, 아니 꽤나 안전하고 평등하고 정직하고 친절한 나라다. 지금 와 다시 생각해도 여전히 고개를 끄덕이게 되니까!

수치상으로도 캐나다는 상당히 행복한 나라다. 정부와 사회에 대한 국민들의 신뢰감과 만족도가 높고, 소득 수준도 상당하며, 건강 상태도 좋다. 행복지수도 세계 7위 정도다. 세금을 많이 내는 덕이기는 하겠지만, 의료 제도나 노인 · 장애우 같은 소외 계층을 위한 복지 제도가 잘 되어 있어 사회 전반에 걸친 불안 요소도 적다. 하지만 이런저런 근거를 굳이 들이밀지 않아도, 캐다나 사람들과 함께 호흡하며 살다 보면 그들이 얼마나 행복하게 사는지 느낌으로 알 수 있다. 가족을 우선하고 자연과 가까이 지내는 생활이 자기 만족감을 높여

주지 않나 싶다. 경쟁이 치열하지 않은 환경 역시 행복지수를 높이는 데 한몫했을 것이다. 넓은 대지와 풍부한 자원은 캐나다 사람들을 경쟁의 늪에서 자유롭게 해주었다.

캐나다는 또한 안전하다. 사실 세상 천지에 절대 안전한 곳이 어디 있겠는가. 캐나다에도 살인, 폭력, 마약 같은 범죄가 발생한다. 하지만 우범 지역에 스스로 발을 들여놓지만 않는다면 캐나다에서 치안 때문에 불안할 일은 거의 없다. 살면서 몸소 체득한 사실이라 통계 수치나 연구 결과를 들추지 않고도 자신 있게 말할 수 있다. 캐나다는 꽤나 안전하다.

캐나다는 인종차별도 적은 나라다. 어디선가 읽은 글이 생각난다. "미국과 캐나다는 다양한 인종이 모여 한 국가를 이루었다는 점에서 매우 닮아 보이지만 실상은 전혀 다르다"며 아주 적절한 비유를 들어줬다. 미국은 '용광로Melting pot'의 나라, 캐나다는 '모자이크Mosaic'의 나라라는 거다. 미국은 다양한 인종을 용광로에 한데 넣고 녹여서 하나의 나라를 만들려고 한다면 캐나다는 모자이크처럼 각자 자기 색깔대로 모아서 나라를 이루려고 한단다. 캐나다에는, 특히 밴쿠버나 토론토 같은 대도시에는 정말 다양한 인종이 모여 산다. 캐나다 원주민부터 유럽의 이민자들은 물론이고 중국, 인도, 한국, 필리핀 같은 아시아인, 요즘에는 남미 사람들도 많다. 그런데도 인종차별적인 문제가 크게 두드러지지 않는다. 내 개인적으로도 그런 시선을 느낀 적이 거의 없었다.

예전에 미국 시카고에서 두 달 동안 산 적이 있는데, 그때는 미묘한 인종차별로 내내 불쾌했던 경험이 있다. 너무 사소해서 속 시원히 따지기 힘든, 찝찝한 일상의 연속이었다. 한번은 맥도날드에서 햄버거를 주문하는데 점원이 내 말을 못 알아듣겠다며 "What? What?" 소리친 적도 있었다. 상대방 말을 못 알아들으면 "Pardon?" 하고 되물어야 할 것을 막무가내로 소리만 치니 얼마나 기분이 나쁘던지……. 명색이 영어 전공자인데 설마 맥도날드 메뉴 하나 제대로 못 읽을 만큼 발음이 형편없었을까. 주관적이기는 하지만 그때 나는 점원의 행동을 인종차별로 여겼다.

자라 보고 놀란 가슴 솥뚜껑 보고도 놀란다고, 시카고에서 겪은 불편한 경험으로 나는 캐나다를 가기 전부터 의기소침해 있었다. 하지만 괜한 기우였다. 물론 캐나다 사람들의 인종차별적 인식이 저마다 어느 정도인지는 모른다. 하지만 상대가 느낄 정도로 드러내놓는 경우는 2년 동안 한 번도 보지 못했다.

또한 캐나다 사람들은 정직하고 친절한 편이다. 캐나다에 살면 사람들의 친절에 한 번쯤 감동하게 된다. 어쩌면 여러 번 감동할 수도 있다. 나도 잊지 못할 감동의 순간을 몇 번 경험했다. 한번은 친정 부모님, 동생네 가족과 함께 여행하다가 '체리 농장 체험'을 하러 과수원에 들른 적이 있었다. 온 가족이 달고 탱탱한 체리를 따서 직접 맛보기도 하며 바구니 가득 담았다. 딴 무게만큼 값을 치르고 기분 좋게 과수원을 나와 차에 시동을 거는데, 이게 웬일인가. 타이어가 모래에 파묻혀 꿈쩍도 하지 않았다. 당황해서 허둥대고 있는데 사람들이 하나둘 다가오더니 땀을 뻘뻘 흘려가며 차를 밀어주는 게 아닌가. 하지만 사람들 성의가 무색하게 차는 요지부동. 결국 누군가가 과수원에 가서 삽이며 장비를 빌려 왔고, 과수원 주인까지 합세해 남자 네댓 명이 사투를 벌인 끝에 부르릉! 마침내 차가 모래밭에서 탈출했다. 다들 가족과 함께 과수원 나들이를 온 사람들일 텐데, 안면부지 외국인을 위해 시간과 힘을 쏟아주고는 뿔뿔이 흩어졌다. 지금 생각해도 나는 그 사람들에게 고맙고도 미안해서 몸 둘 바를 모르겠다. 2년 동안 내가 만난 캐나다 사람들은 그렇게 누군가 곤경에 처하면 아는 사이든 모르는 사이든 도와줬고, 그런 도움에 생색내지도 않았다.

또한 캐나다 사람들은 대체로 정직하다. 우리나라에서는 정직하지 않은 행동을 흔히 융통성, 관행이란 말로 포장한다. 특히 사회적으로 큰 사건이 일어날 때마다 "지금껏 관행이었다"는 주장이 빠진 적이 있던가. 어디 큰 사건뿐인가. 일상생활에서도 작은 거짓말, 사소한 불법을 적잖게 볼 수 있다. 갓 초등학교에 입학한 아들에게 "아직 유치원생이라고 해"라고 시키는 행동 같은 거 말이다. 작은 규칙이라도 곧이곧대로 지켜내려는 사람을 "융통성 없고 고지식하다"고 폄하하기까지 한다.

그런 기준으로 보면 캐나다 사람들은 대부분 융통성이 없고 고지식하다. 하지만 40해가 넘는 세월을 살아보니, 지금 세상은 넘치는 융통성보다는 원칙을 지키는 고지식함이 더욱 절실한 가치가 아닐까 싶다. 앞으로 우리 아이들이 살아갈 대한민국도 캐나다처럼 융통성이 조금 부족하더라도 고지식해 보일 만큼 정직한 나라였으면 좋겠다.

2년 동안 어쩌면 나는 너무 좋은 점만 봤는지도 모르겠다. 캐나다에서 좋지 않은 경험을 한 사람도 분명 있을 것이다. 하지만 캐나다에 관련한 다른 책을 읽어도, 캐나다에 다녀온 다른 사람의 이야기를 들어도, 캐나다는 평균 이상으로 선한 나라임에는 틀림없었다. 그러니 아이들과 함께 행복하고, 안전하고, 평등하고, 정직하면서 친절한 캐나다를 직접 경험해보기를 권한다.

건강한 몸, 건강한 정신의 사람들

달라도 어쩜 이렇게 다를까. 누군가 "캐나다에서 살면서 느낀 한국과 캐나다의 가장 큰 차이가 무엇이었냐"고 물으면 나는 주저 없이 말할 것이다. '지(知)'를 사랑하는 한국과 '체(體)'를 사랑하는 캐나다라고.

교육에서도 이 점은 명백히 드러난다. 우리나라는 어릴 때부터 체육도 공부처럼, 음악이나 미술도 공부처럼 가르친다. 그나마 초등학교 저학년 때는 피아노, 수영, 태권도, 발레 같은 예체능 학원에 아이를 보내지만, 고학년이 되면 국어, 영어, 수학, 과학 같은 지식을 쌓는 학원에 많은 시간과 돈을 쏟아붓는다. 대체 언제 뛰어놀고 언제 몸을 단련하나 싶다. 그럼 시간만 없느냐? 공간도 부족하다. 뛰어놀려고 해도 놀 곳이 마땅히 없다.

반대로 캐나다는 온 신경이 어린이들의 건강한 몸 키우기에 집중되어 있다. '건강한 몸에 건강한 정신이 깃든다'는 진리를 충실히 실천하듯 동네마다 공터, 야구장, 축구장, 농구 골대, 짐내스틱, 아이스링크 등 스포츠 시설이 완비되어 있다. 덕분에 다양한 클럽 활동이 가능하다. 캐나다의 아이들은 대부분 학교를 마치면 클럽에서 온종일 뛰어다닌다. (클럽의 종류와 가입 방법, 운영 방식은 3장에서 자세히 설명할 것이다.) 스포츠클럽이 주로 사설 학원에서 이루어지는 한국과 달리, 캐나다는 대부분 부모의 발런티어volunteer(자원봉사)로 코칭이 이루어져 비용도 저렴하다. 캐나다 부모들은 보통 자신이 어린 시절 배웠던 종목에서 발런티어 코치를 한다. 축구를 했으면 축구, 하키를 했으면 하키 클럽에서 활동하는 식이다. 다들 아이를 키우고 있어 부모의 마음으로 아이들을 대해준다. 부모 발런티어 시스템은 내게 많은 생각을 하게 했고, 그와 함께 깊은 감동을 주었다.

캐나다에 가서 첫 학기에 아들이 축구와 농구 클럽 활동을 시작했다. 아들을 데리고 클럽을 다니면서 나는 궁금증이 하나 생겼다. 우리와는 비교가 안 되는 스포츠 시설과 운동을 사랑하는 온 국민의 지지에도 불구하고, 캐나다는 왜 하계 올림픽에서 두각을 나타내지 못할까? 물론 캐나다가 동계 올림픽의 강국이라는 사실이야 이미 알고 있었다. 그래서 캐나다 사람들은 하키나 스키 같은 겨울 스포츠만 좋아하는 줄 알았다. 그런데 와서 보니 축구, 야구, 농구 등 모든 스포츠에 열광했다. 동네마다 몇 개씩 있는 골프장에는 골프 치는 사람들로 넘쳐났다. 아이들은 어렸을 때부터 자기가 좋아하는 운동 한두 가지는 기본으로 하고, 심지어 그 운동을 평생 즐긴다. 사람들의 열정이 이러한데도 캐나다는 왜 우리나라보다 올림픽 성적이 좋지 않을까? 왜 세계적인 스포츠 대국의 자리에 오르지 못했을까?

시간이 지나 캐나다 사람들의 삶의 태도를 알게 되면서 나의 궁금증은 자연스레 해소되었다. 우리는 보통 스포츠 경기를 하면 무엇보다 결과에 관심이 많다. 하지만 캐나다 사람들은 승패보다는 과정을 즐긴다. 어린이 축구 경기만 봐도, 우리나라는 팀의 승리를 최

우선 목표로 한다. 선수들은 개개인의 특성을 존중받기보다는 팀에 보탬이 되는 존재가 되고자 한다. 하지만 캐나다에서는 팀의 승리에 그다지 연연하지 않았다. 물론 이기면 좋아하기는 했다. 그래도 모든 아이들이 잘하든 못하든 팀 안에서 기회를 얻어 뛰는 것을 중요하게 여겼다. 한국에서는 "누구 때문에 졌다"는 원망의 소리가 간혹 들리기도 했는데 캐나다에서는 그런 말을 전혀 들어본 적이 없다. 실력이 부족한 친구가 경기에 나가 좋은 성과를 거두지 못해도 진심으로 응원해주었다. 그러다 그 친구가 잘했을 때에는 모두 한마음으로 기뻐해주어서 눈물이 핑 돌았던 기억도 있다.

승패에 집착하면 운동은 그 자체로 스트레스가 될 수 있다. 하지만 과정을 즐기면 운동은 일상생활의 스트레스를 해소해주는 놀이, 레저leisure가 된다.

겨울에 나는 아들과 스키장에서 살았다. 동계 올림픽이 열렸던 휘슬러 스키장은 요즘 말로 '인생 스키장'이었다. 웅대한 휘슬러 산 위에 슬로프의 개수가 셀 수도 없었다. 산꼭대기에서 바라본 주변 경관은 말주변 없는 나로서는 '아름답다'고밖에 표현할 길이 없었고, 자연설의 슬로프는 스키 타기에 안성맞춤이었다. 게다가 휘슬러에는 백발의 할머니 할아버지가 밝은 색 스키복을 입고 산 위를 쌩쌩 달리고 있었다.

'어린 시절 스키를 배워 평생 타시는구나. 저 건강과 삶의 여유가 부럽다.'

감탄이 절로 나왔다. 그런데 나를 더욱 놀라게 한 사람이 있었다. 아기를 업고 산 위를 날듯이 달리는 한 여인. 열정과 함께 스키 실력까지 겸비한 그 여인은 눈 덮인 휘슬러 산과 함께 내게 깊은 인상을 주었다.

아이들에게 캐나다의 자연 환경에서 마음껏 뛰어노는 시간을 선물해보자. 광활한 자연을 누비며 몸을 단련하는 것은 영어를 배울 기회만큼이나 아이들에게 큰 축복이 될 것이다. 스포츠를 통해 얻을 수 있는 넓고 굳센 마음과 자유로운 의지는 아이들이 올곧은 삶의 태도를 갖는 데 훌륭한 밑거름이 되기 때문이다.

미국과 가까워 더 좋은 캐나다

캐나다에 있는 동안 한국에서 온 방문객이 많았다. 여러 번 다녀간 남편은 물론 친정 부모님도 두 번이나 왔다가 갔고, 아이 친구와 내 친구도 여럿 겸사로 밴쿠버 여행을 왔다. 타국에서 외따로 지내다가 누군가 온다고 하면 그렇게 반가울 수가 없었다. 같이 여행도 다니고 쇼핑도 하면서 그간 쌓인 외로움을 달랬다. 그런데 그때 놀러 온 친구 하나가 함께 밴쿠버 여행을 하면서, 이전에 지냈던 호주 시드니와 비슷한 점이 많다는 얘기를 했다. 호주에 가본 적은 없지만 텔레비전에서 본 풍경들을 떠올려보니 그런 듯도 했다. 친구는 "왜

군이 캐나다 밴쿠버로 왔느냐"고 물었다.

아이와 함께 외국살이를 꿈꾸는 사람들에게 캐나다를 추천하는 이유 중 또 하나는 '미국과 가까워서'다. 캐나다는 미국과 국경이 맞닿아 있어서 미국을 다녀오기가 수월하다. 내가 살던 동네에서는 30분만 가면 미국 국경이었고, 거기서 1시간 정도만 달리면 시애틀, 시애틀에서 3시간이면 포틀랜드에 갈 수 있었다. "미국에서 가까운 게 그리 큰 대수야? 미국과 가까워서 캐나다를 가라고?" 하고 반문할지 모르겠다. 그렇다면 나의 대답은 "물론!"이다.

외국에서 살아보기 여행을 계획하면서 아이들 영어 공부까지 고려하고 있다면 가장 먼저 떠올릴 나라는 '미국'일 것이다. 세계를 휩쓴 중요한 정보와 문화가 대부분 미국에서 건너오는 것이니만큼 아이가 미국의 문화 · 사회에 대한 이해 속에서 영어를 배우기 바랄 테니 말이다. 하지만 그게 그리 간단치가 않다. 단순한 여행이야 여권만 있으면 언제든 가능하지만 아이를 학교에 보내면서 체류해야 한다면 문제가 전혀 달라진다. 미국은 캐나다와 달리 부모 비자를 받기가 무척 어렵다. 아이는 사립학교 학생 비자를 받으면 되지만 부모는 자신의 학업이나 일이 아니면 웬만해선 비자가 안 나온다. 부모가 아이와 함께 비자 받을 길이 없다는 사실을 깨닫는 순간, 우리는 영어를 쓰는 다른 나라로 눈을 돌릴 수밖에 없다. 영어권이라면 캐나다와 호주, 뉴질랜드, 영국, 아일랜드가 전부다.

그럼 그중에서 왜 캐나다일까?

영어를 모국어로 쓰는 나라라고 해도 문화나 환경이 미국과 같을 수는 없다. 국경을 맞대고 있는 캐나다도 미국과 비슷한 듯 전혀 다르다고 한다. 그래도 캐나다는 책이나 영화, 음악, 미술, 인터넷 등 미국의 문화와 정보를 가까이에서 가장 빠르게 흡수하고 있다. 미국과 미국 문화가 최고라는 이야기는 아니다. 하지만 우리가 접하는 많은 정보와 문화가 미국에서 나오고 있고, 기왕 영어를 공부할 바에는 미국을 가까이에서 보고 느낄 수 있는 기회까지 잡는 편이 낫지 않겠는가.

나는 캐나다에서 지낸 2년 동안 연휴나 방학을 이용해 틈틈이 미국 여행을 다녔다. 살아보기까지는 아니지만, 국경을 사이에 두고 옆 동네 드나들듯 다니면서 미국의 많은 것을 보고 경험하고 느꼈다. 다른 영어권 나라들도 캐나다 버금가게 아름답고 살기 좋은 나라인 걸 잘 안다. 하지만 영어를 세계 공용어로 만든 미국과 근접한 캐나다의 위치는, 내가 결코 가벼이 볼 수 없는 조건이었다.

캐나다에 있는 동안 야구선수가 꿈인 아들은 미국 시애틀에 수시로 갔다. 프로야구 최대 규모인 메이저리그 경기를 보겠다고 시애틀야구장을 잠실야구장에 가듯 드나들었던 것이다. 그때 우리는 당시 시애틀 매리너스에서 뛰고 있던 이대호 선수를 만나는 기쁨도 맛보았다. 아들은 분명 거기에서 더 큰 세계를 보았을 것이다.

시애틀에는 아마존타운이 있다. 아마존 본사를 비롯해 세계 최초로 시범 운영되는 아마존 무인상점 '아마존고[amazon go]'가 그곳에 있다. 스타벅스 본사, 마이크로소프트 본사 등도 시애틀에 있고, 유수의 벤처 기업들도 시애틀로 모여들고 있다. 시애틀은 확장해가는 도시의 기운이 가득하다.

시애틀을 자주 다니다 보니 바로 아랫동네 포틀랜드도 궁금해졌다. '조금 더 먼 옆 동네인데 뭘' 하고 포틀랜드로 차를 달렸다. 역시 "감성이 살아 있는 도시"라 불릴 만했다. 포틀랜드를 보고 나니 또 그 옆 도시가 몹시 궁금했다. 미국은 도시마다 느낌과 문화가 많이 다르다고 하지 않던가. 아이들에게 스탠퍼드 대학도 보여주고 싶고, 애플과 구글 본사가 있는 새너제이도 데려가고 싶은 욕심이 생겼다. 디즈니랜드, 유니버설스튜디오로 나들이 가는 즐거움도 선물해주고 싶었다. 캐나다는 미국 바로 옆 동네 아닌가. 시간과 가고 싶은 마음만 생기면 나는 언제든 미국으로 차를 달렸다.

2주간의 크리스마스 휴가 때는 밴쿠버에서 미국 국경을 넘어 멕시코 국경 근처인 샌디에이고까지 운전해서 다녀왔다. 느긋하게 이 동네 저 동네 구경하면서 미국 서부 해안을 따라 달렸더니 어느새 샌디에이고였다. 또 다른 방학 때는 요세미티 국립공원과 나파밸리에 갔고, 어느 방학 때에는 라스베이거스와 그랜드캐니언 협곡, 세도나, 피닉스 등 미국 남부를 여행했다. 또 어느 연휴에는 미국드라마 〈트와일라잇〉의 마을로 유명한 올림픽 국립공원으로 나들이를 갔다. 한국으로 돌아오기 바로 전에 갔던 옐로스톤 국립공원은 자연의 신비로움에 입이 떡 벌어질 지경이었다.

나는 그렇게 미국 옆 동네 캐나다에 사는 게 진짜 좋았다.

캐나다 어때요?

아이들을 데리고 캐나다에서 지낸 2년의 시간을 '단기 유학'이나 '조기 유학'이라고 해야 하나 잠시 고민한 적이 있다. 캐나다에서 아이를 학교 보낸 것은 맞지만 '공부'가 목적은 아니었다. 내심 영어 공부가 욕심이었으나, 학습보다는 한국에서 겪지 못할 새로운 경험에 잠시 푹 빠져 지내면서 타언어에 대한 감수성을 키우고 세상을 배우길 바라는 마음도 컸다. 그래서 '유학'은 얼토당토않고 캐나다에서 살아보는 '교육 여행'이 맞는 말이란 생각이 들었다.

내 나라가 아닌 외국에서 다른 나라의 언어와 문화를 경험하면서 자연과 더불어 멋진 추억을 만들고 싶다면, 그것도 영어를 자연스럽게 익히면서 한 달 혹은 두서너 달, 혹은 일이 년이라도 보내고 싶다면 캐나다가 좋은 선택이 될 것이다. 캐나다가 좋은 이유 수십 가지 중에서 몇 가지를 앞에서 진실된 마음을 담아 글로 썼으니, 그 진심이 여러분에게 통했으면 좋겠다.

여러분, 캐나다 어때요?

퀘벡의

샤토 프롱트낙 호텔

스포츠클럽 활동

캐나다에는 동네마다 공터, 야구장, 축구장, 농구 골대, 짐내스틱, 아이스링크 등 스포츠 시설이 완비되어 있다. 덕분에 다양한 클럽 활동이 가능하다. 캐나다의 아이들은 대부분 학교를 마치면 클럽에서 온종일 뛰어다닌다.

캐나다

스포츠클럽

활동

BASEBALL

휘슬러 스키장

휘슬러 스키장은 요즘 말로 '인생 스키장'이었다. 웅대한 휘슬러 산 위에 슬로프의 개수가 셀 수도 없었다. 산꼭대기에서 바라본 주변 경관은 말주변 없는 나로서는 '아름답다'고밖에 표현할 길이 없었고, 자연설의 슬로프는 스키 타기에 안성맞춤이었다.

아기를 업고 스키를 타는 캐나다 여인

킬로나
체리 농장 체험
UNDER
ARMOUR
킬로나
오카나간 호수

밴프

캐스케이드 가든

키칠라노

해변

Fun travel

샌프란시스코

금문교

빅토리아 주의사당

평화로운 바닷가 마을,
페기스코브

Sea Dog IV

로키의 심장, 밴프

미국 와이오밍

그랜드티턴 국립공원

2장

캐나다, 너의 매력을 보여줘

남들처럼 아이를 학원으로 돌리고 싶지 않았다. 그렇다고 남들과 다르게 아이를 키울 배짱도 없었다. 아이 교육에 대한 어정쩡한 태도에다 업무에 대한 스트레스와 과로가 더해져, 나는 아이를 데리고 도망치다시피 캐나다로 갔다. 캐나다에서 살아보기를 계획하면서 '온종일 빈둥거리다 오겠노라'고 결심했다. 하지만 타고난 성격은 어쩔 수 없는지 캐나다 생활은 한국에서만큼 눈코 뜰 새 없이 바빴다. 아니 어쩌면 더 치열했다. 내게 주어진 시간이 소중한 만큼 더 많이 보고 더 진하게 경험하고 싶었고, 우리 아이들도 그러하길 바랐기 때문이다. 게다가 캐나다는 매력이 넘쳤다. 10년 같은 1년을 보내서라도 캐나다를 속속들이 느껴보고 싶었다. 구석구석 샅샅이 보지 않고는 한국으로 돌아가는 발걸음이 떨어지지 않을 것 같았다. 원 없이 허우적대다가 미련 없이 돌아서고 싶었다.

캐나다는 계획만 잘 짠다면 한 달이든 세 달이든 일 년이든 허락된 시간 안에서 최고의 경험을 맛볼 기회가 널린 곳이다. 2년 동안 밴쿠버에 살면서 캐나다는 물론이고 이웃 동네 미국까지 누비고 다녔던 기억을 되살려 '캐나다에서 살아보기'에 도전하는 부모님과 아이들을 위한 '추천 일정'을 짜보려고 한다. 알아두면 좋은 꿀팁도 아낌없이 내놓을 생각이다. 나의 경험이 전부는 아니겠지만 그래도 2년 동안 최선을 다해 뛰어다닌 결과다. 누군가의 시간과 노력을 줄여줄 유용한 정보가 되리라 믿어 의심치 않는다. 하지만 사람 따라 환경 따라 원하는 바도 추구하는 바도 다를 것이다. 열린 마음으로 나의 제안을 참고하기를 바란다.

한 달 살아볼까?

주어진 시간이 한 달뿐이라면? 그것도 좋다. 캐나다의 매력을 맛보기에는 충분한 시간이니까. 아이와 함께라서 더 좋은 곳이 캐나다라지만 한 달을 어떻게 살지 막막하다면, 인터넷을 아무리 뒤져도 '이거다!' 싶은 정보가 없다면 이제부터 함께 머리를 맞대고 고민해보자. 어떻게 캐나다에서 아이들과 한 달을 알차게 지내다 올 수 있을지를.

1 | 일정 짜기

전체 스케줄을 먼저 짜야지 어디에 숙박을 정하고, 언제부터 언제까지 차를 렌트할지 큰 그림이 그려진다. 감히 말하건대, 캐나다의 밴쿠버는 아이들과 '한달살기'를 하기에 최적화된 곳이다. 도시와 자연이 공존하기 때문에 휴양과 쇼핑 중심의 다른 도시보다 다양한 체험과 여행이 가능하다. 그만큼 더 흥미진진하고 활기차다.

한 달 동안 밴쿠버에 머문다면 아이들을 여름캠프에 보내 영어와 영어권 문화에 노출시키자. 그리고 자연이 눈부시게 아름다운 밴쿠버 여기저기로 여행을 다니자. 시간이 된다면 미국 시애틀도 다녀올 수 있다.

밴쿠버에서 지내기 가장 좋은 계절은 여름이다. 습도가 낮고 아침저녁으로 기온이 낮아 매우 쾌적하다. 겨울은 비가 많아 한달살기에는 적합하지 않다. '밴쿠버에서 한달살기' 여름 일정을 아래와 같이 제안해보고자 한다.

한달살기 여름 일정

시간	계획		비고
	아이	부모	
첫째 주중	동네 커뮤니티센터의 여름캠프 참가 (워밍업으로 다녀올 수 있는 가벼운 여름캠프 중 택1)	밴쿠버 시내나 근교 산책	오후 3시에 여름캠프가 끝나면, 아이들과 도서관, 미술관, 스포츠클럽 등을 가보자.
첫째 주말	휘슬러 여행 (당일 또는 1박2일)		
둘째 주중	캠프 쿠아노스 (아이가 어리거나 엄마와 떨어지기 힘들어한다면 다른 캠프로 대체)	골프, 쇼핑, 가까운 여행 등 다양한 액티비티 (밴쿠버에서 4시간 거리에 있는 킬로나 지역의 와이너리 탐방 추천)	캠프 쿠아노스는 보통 일요일부터 금요일 혹은 토요일까지다.
둘째 주말	빅토리아 및 밴쿠버 섬 여행 (캠프 쿠아노스에서 아이를 마중해 바로 출발)		
셋째 주중	UBC 여름캠프	하이킹, 자전거, 골프 등 다양한 스포츠 및 시내 쇼핑	여름캠프가 끝나면 밴쿠버 명소, 공원, 도서관, 미술관 등 다양한 곳으로 매일 나들이 나가자.
셋째 주말	시애틀 여행 (1박2일 또는 2박3일)		
넷째 주중	온 가족 로키 산맥 여행 (여행사 패키지 상품이나 자유여행 선택)		
넷째 주말	귀국 준비나 마무리할 일 (한국 돌아가기 전 못 가본 곳 방문, 또는 해야 할 일 마무리)		

2 | 숙소 정하기

캐나다 로키 여행을 마지막 주에 잡으면 숙소는 3주만 예약하면 된다. 3주 동안 한 숙소에 머물며 편히 지내다가 로키 여행을 끝으로 한달살기를 멋지게 마무리하자. 에어비앤비로 숙소를 예약할 경우 3~4주 이상 장기 투숙은 할인받을 수 있다.

3 | 렌터카

한달살기에서 지출이 가장 큰 부분이 숙소와 렌터카 비용일 것이다. 아이들과 함께 지내려면 렌터카는 필수인데, 비용이 만만치 않다. 액수가 제법 큰 렌터카 비용을 어떻게 절약해야 할까? 그 답은 바로 중고차 딜러가 쥐고 있다.

캐나다에서 차를 한 달 이상 빌리려면 렌터카 회사보다 한국인 중고차 딜러를 수소문하는 편이 낫다. 중고차 딜러는 렌터카 회사의 거의 반값으로 차를 빌려준다. 다만 한 달 미만은 계약이 불가능하다. 한국인 딜러라 소통에도 문제가 없다. 현지 렌터카 회사를 이용할 때는 비용도 비용이지만 의사소통으로 겪는 어려움이 적지 않다.

렌트 방식이나 조건은 중고차 딜러나 렌터카 회사나 별 차이가 없다. 날짜에 따라 비용을 계산하고 자동차보험도 가입해준다. 하지만 주의할 점이 있다. 주행거리가 무제한(언리미티드 마일리지)인지 아닌지를 확인해야 한다. 비용이 저렴할 경우는 보통 추가 요금이 붙을 확률이 높다. 장거리 여행을 계획하고 있다면, 거리에 따른 요금을 미리 따져봐야 나중에 놀랄 일이 없다. 밴쿠버에서 로키 여행을 다녀온다면 거리가 왕복 2,000km쯤 돼, 제한 거리가 있다면 자칫 배보다 배꼽이 더 클 수도 있다.

로키 산맥의 루이즈레이크로 세 번째 여행을 갔을 때였다. 호수의 아름다움에 취해 있다가 문득 부모님 생각이 간절해졌다. 캐나다의 자연이 선물하는 감동을 부모님과 꼭 함께 나누고 싶었다. 그렇게 부모님은 캐나다에 와서 두 달을 지내다 갔다.

부모님이 오면서 우리는 7인승 밴을 다시 빌려야 했다. 내 중고차로는 나와 아들, 이미 와 있던 여동생과 두 조카밖에 태울 수 없었다. 중고차 딜러와 렌터카 회사 양쪽에서 견적을 뽑아보았더니 여름 성수기라 가격이 두 배 넘게 차이가 났다. 7인승 밴을 45일 동안 빌리는 비용이 렌터카 회사는 500여 만 원, 중고차 딜러는 200만 원이 채 안 됐다(2017년 6월 기준). 제 가격 다 받는 것이겠지만, 가격 차이를 보는 순간 중고차 딜러에게 얼마나 고맙던지! 그렇게 아낀 돈으로 나는 아이들을 데리고 옐로스톤 국립공원으로 또 한 번 여행을 다녀올 수 있었다.

5년 전에도 아들을 데리고 미국 시카고로 여름캠프를 두 달 동안 간 적이 있었다. 그 어렵다는 미국 두달살기를 한 셈이다. 당시 렌터카 회사에서 소형차를 빌리는데 매달 200만 원이 훨씬 넘는 돈을 지출했다. 이 꿀팁을 그때 알았더라면…….

한 달 동안 뭘 하지?

앞에서 제시한 일정을 바탕으로 한 달 동안 밴쿠버에서 즐길 수 있는 활동들을 정리해보았다. 취향과 성격, 상황에 맞게 자유롭게 선택할 수 있는 한달살기 메뉴판 되겠다.

◆ 아이들을 위한 여름캠프 ◆

1 | 캠프 쿠아노스 / 캠프 주빌리

캠프 쿠아노스 www.qwanoes.ca/summer

캠프 주빌리 www.campjubilee.ca/summer-camp

캠프장에서 일주일 정도 묵으며 친구들과 함께 다양한 활동을 하고 오는 캠프다. 캠프장에는 아이들이 지낼 캐빈을 비롯해서 짚라인, 워터 트램펄린 등 재미난 시설이 마련되어 있다. 아들과 두 조카, 아들의 친구들은 매년 여름이면 캠프 쿠아노스를 갔고, 앞으로도 갈 예정이다. 아들 말로는, 엄마와 일주일 떨어져 지내도 엄마 생각이 거의 나지 않을 만큼 신 나는 캠프란다. 나도 다시 태어나서 꼭 한 번 가고 싶은 캠프가 바로 쿠아노스다.

캠프 주빌리는 직접 경험하지 못했지만, 캠프 쿠아노스랑 별반 다르지 않을 것이다. 인터넷 홈페이지에서 직접 확인해보자.

캠프 쿠아노스는 보통 1월부터 등록을 받는데 3, 4월이 지나면 서서히 마감이 된다. 여름방학을 이용해 캐나다 한달살기를 계획한다면 2, 3월쯤 미리 예약하자. 참여 가능한 연령은 만 8세~14세다. 참가 자격은 엄마랑 일주일 동안 떨어져 지낼 용기가 있는 아이, 그리고 산 속의 불편한 캐빈에서 잘 수 있는 아이다.

2 | UBC 여름캠프

UBC 여름캠프 www.camps.ubc.ca/summer-camps

랑가라 대학 여름캠프 www.langara.ca/continuing-studies/programs-and-courses/summer-camps

캐나다의 명문 대학 University of British Columbia(이하 UBC)에서는 어린이와 청소년을 위해 재미있고 다양한 여름캠프를 운영하고 있다. 어드벤처, 아트앤뮤직, 스포츠(야구, 축구, 농구, 하키 등), 아카데믹(글쓰기, 코딩 등)…… 종류가 많아 다 열거하기 힘들 정도다. 아들과 두 조카를 야구, 뮤지컬, 코딩, 영상 제작 캠프에 보냈는데 셋 다 아주 만족해했다. UBC 대학 캠퍼스는 태평양 바다 옆에 위치해 있어, 캠프가 끝나고 바닷가에서 놀거나 자전거를 빌려 캠퍼스 주변을 돌아보는 등 자연을 만끽하기에도 더없이 좋았다. 단, 다른 캠프에 비해 비용이 조금 비싸다. 홈페이지에 들어가서 UBC에서 운영하는 여름캠프를 확인해보자.

밴쿠버에 있는 랑가라 대학에서도 여름캠프를 운영하고 있다.

3 | 동네 커뮤니티센터 캠프

동네의 커뮤니티센터나 레크리에이션센터를 방문해보자. 여름캠프를 안내하는 제법 두툼한 브로슈어를 받아볼 수 있다. 그 안에는 연령에 따른 다양한 여름캠프가 소개되어 있다. 즐거운 놀이 캠프부터 코딩, 스포츠, 아트 등 배움을 위한 캠프까지 프로그램이 다양하다. 특정 기관에서 운영하는 다른 여름캠프보다 저렴하고, 동네에서 보내기 때문에 배웅하러 멀리 나가지 않아도 된다.

4 | 사이언스월드 캠프

www.scienceworld.ca/summercamp

밴쿠버 시내에는 우리나라의 과천 어린이과학관과 비슷한 사이언스월드Science World at Telus World of Science가 있다. 사이언스월드 여름캠프도 엄마들 사이에서 입소문이 나 있다. 연령에 맞게 과학 분야나 코딩 등을 재미있게 알려주니 기회가 된다면 신청해보자. 단, 초등학교 저학년에게 인기가 높은 편이라 관심이 있다면 등록을 서둘러야 한다. 연회원에게는 등록 우선 혜택이 있어 연회원에 가입하는 것도 고려해볼 만하다. 밴쿠버에 거주하지 않는다면 자신이 살고 있는 지역의 다른 기관을 찾아서 여름캠프를 운영하는지 확인해보자.

5 | 교회 캠프

캐나다에서는 많은 교회들이 여름캠프를 운영한다. 저렴한 비용으로 참여할 수 있는 가성비 최고의 캠프다. 교회 여름캠프에 대해서는 3장을 참고해주기 바란다.

6 | 아트엄브렐라 캠프

www.artsumbrella.com/programs/art-camps/summer-camps

아트엄브렐라Arts Umbrella는 어린이들에게 미술을 비롯해 최상의 예술 교육을 제공하는 교육 기관으로, 그랜빌 섬에 위치해 있다. 이곳에서는 예술 분야의 다양한 여름캠프가 진행된다. 전문 분야라 비용이 상대적으로 비싼 편이지만 내용이 무척 알차다고 한다. 여름캠프뿐만 아니라 봄방학과 프로디데이Pro D-day(5장 참고)에도 캠프를 진행하고 있다.

7 | 그 밖에 참여 가능한 캠프

캐나다는 여름방학이 7, 8월 두 달이라 방학을 활용한 여름캠프가 셀 수 없이 많다. 하키 팀이 운영하는 하키 캠프, 짐내스틱이나 골프장에서 운영하는 어린이 캠프, YMCA에서 운영하는 캠프 등 일일이 열거하기가 어렵다. 관심을 가지고 동네를 돌아다니거나 이웃들에게 도움을 구하면 정보를 얻을 수 있을 것이다. 좋은 정보를 얻으면 부디 함께 나눠주기를 부탁한다.

◆ 아이들을 위한 액티비티 ◆

1 | 수영

여름은 뭐니 뭐니 해도 수영의 계절이 아니던가. 캐나다 서부는 태평양과 맞닿아 있어 해변에서 수영하기에는 최고의 지역이다. 남한 면적의 3분의 1이나 되는 밴쿠버 섬은 전체가 다 태평양으로 둘러싸여 있으니 말해 무엇하랴.

또한 캐나다는 호수의 나라다. 다니다 보면 곳곳에서 아름다운 호수를 만날 수 있다. 수영이 가능하다는 안내가 있으면 수영을 해도 된다. 다만 물이 차가울 수 있으니 수온은 꼭 확인하자. 호수에 띄워놓은 거대한 워터 트램펄린도 종종 발견할 수 있다. 입장료를 내면 아이들이 하루 종일 시간 가는 줄 모르고 논다.

동네마다 워터파크도 있다. 내가 살던 동네만 해도 주변에 작은 워터파크가 두 개나 있었다. 동네 레크리에이션센터와 야외 수영장도 비용은 저렴하지만 아이들이 재미있게 즐길 수 있는 곳으로 손색이 없다.

마지막으로 키칠라노 해변과 스탠리 공원 안의 세컨비치Second Beach에는 야외 수영장이 해변과 나란히 있어 바다를 바라보며 놀 수 있는 수영장으로 유명하다.

2 | 트램펄린 파크

요즘 우리나라에도 상륙한 트램펄린 파크를 캐나다에서도 만날 수 있다. 땅덩이가 넓은 만큼 규모도 크다. 동네마다 거대한 트램펄린 파크가 한두 개씩은 있으니 아이들이 원하면 즐겨보자. 놀면서 키가 클 수 있다는 건 우리가 모두 아는 비밀!

3 | 레이저잽

《호리드 헨리Horrid Henry》라는 어린이 영어 챕터북에 보면 주인공 헨리가 엄마아빠에게 생일파티를 레이저잽Lazer Zap에서 열어달라고 조르는 장면이 있다. 북미 지역에서 인기 많은 레이저잽은 우리나라의 서바이벌 체험과 비슷하다. 우주복 같은 옷을 입고 상대 팀을 레이저 총으로 맞추어 승패를 가르는 놀이다. 이런 놀이 시설이 동네마다 하나씩 있는 것 같다. 새로운 경험이니 한 번쯤 도전해보면 좋을 것이다.

4 | 사이언스월드

앞서 소개했던 대로 사이언스월드는 우리나라 어린이과학관 같은 시설이다. 여러 가지 과학 원리를 배울 수 있고 경험해볼 수 있는 장소다. 과학 관련 주제의 아이맥스 영화도 상영하는데, 재미있는 레퍼토리가 많다. 바깥 나들이가 귀찮을 때, 비가 올 때, 아니 언제든 가도 아이들이 좋아하는 곳이다.

꿀팁

레크리에이션센터 카드에 숨겨진 비밀

캐나다 정부는 어린이들의 체력 증진을 위해 아낌없이 지원을 하는 느낌이다. 그 대표적인 예가 동네 레크리에이션센터 카드다. 만10세부터 18세까지 학생들은 시설 이용(영어로 'drop-in'이라고 표현)이 무료다. 덕분에 여름에는 수영장, 겨울에는 아이스링크장을 무료로 이용할 수 있다. 안타깝게도 9세 이하는 1회 이용료 3.75달러, 한 달 이용료 45달러를 내야 한다. 만10세부터 18세에 해당하는 학생들은 '럭키!'를 외치며 레크리에이션센터를 열심히 이용하자. 지역마다 조건이 다를 수 있으니 홈페이지 및 해당 기관에 꼭 확인하길 바란다.

꿀팁

사이언스월드 가족 연회원권 만들기

사이언스월드 연회원권을 합리적이면서도 저렴하게 사용할 방법을 궁리 끝에 알아냈다. 사이언스월드 1회 입장료는 어른이 30.40달러, 12세 미만 어린이가 20.30달러다. 어른 1명, 어린이 2명일 경우 1회 이용비는 71달러다. 사이언스월드 가족 연회원권은 가족당(어른 2, 자녀 4까지) 230달러인데, 두 가족이 모여서 만드는 것도 허용한다. 그럼 엄마와 아이(2명까지)만 있는 두 가족이 115달러씩 내면 사이언스월드 가족 연회원권을 만들 수 있다. 사이언스월드를 2번만 가도 이득인 셈이다. 여름캠프 우선 등록 혜택도 있으므로 연회원권이 주는 이득이 꽤 쏠쏠하다.

◆ 어른들을 위한 액티비티 ◆

1 | 쇼핑

어른들을 위한 액티비티 중 무엇을 첫째로 꼽을까 고심하다가 결국 '쇼핑'을 선택했다. 나처럼 쇼핑을 즐기는 분들이 많으리라 믿으면서 말이다. 쇼핑에 흥미가 없다면 바로 다음으로 넘어가도 좋다.

사실 캐나다는 쇼핑 천국이 아니다. 캐나다의 산업 구조가 제조업보다는 관광 같은 서비스업과 풍부한 천연자원에 더 의존하고 있어서인 듯한데, 사람들도 물건에 그다지 욕심이 없어 보였다. 하지만 우리나라에서는 고가의 상품을 캐나다에서는 보다 저렴하게 살 수 있어서 쇼핑할 만하다. 게다가 여행 가면 기념품 쇼핑은 필수! 공항 아울렛과 쇼핑센터들을 다니다 보면 사고 싶거나 꼭 사야 할 것들이 생긴다. 쇼핑 없는 여행은 앙꼬 없는 찐빵 아닐까?

캐나다에서의 쇼핑 팁

1 캐나다에 가면 많은 분들이 영양제를 찾는다. 영양제는 코스트코(Costco)나 드러그스토어(Drug Store), 쇼퍼즈 드러그마트(Shoppers drug mart) 등을 이용하면 된다. 코스트코는 한국에서 만든 멤버십 카드로도 이용 가능하다.

2 스포츠용품은 스포츠 전문 아울렛 '스포츠체크(Sports Check)'에서 사면 된다. 홈페이지에서 회원 가입을 하면 10% 할인쿠폰을 제공하므로 골프채, 스키, 스케이트 같은 비싼 스포츠용품을 살 때 유용하다. 스포츠체크에 없는 야구나 골프 용품은 전문 매장을 이용하자.

3 캐나다의 대표 브랜드 '룰루레몬'과 중고샵, 중고거래 온라인 사이트는 4장을 참고하기 바란다.

4 지내는 곳이 미국 국경 근처라면 아마존 같은 미국의 인터넷 쇼핑몰을 이용할 수 있다. 배대지(배송대행지)를 활용하면 무료배송이 가능하기 때문이다. 내가 지냈던 동네에서는 미국과 국경이 맞닿아 있어서, 국경 너머로 주유하러 가면서 그곳의 배대지로 아마존에서 구입한 물건을 받았다. 국제배송료를 내야 했다면 아마존을 이용하기가 쉽지 않았을 것이다.

2 | 골프

한국에서 골프는 많이 대중화되었다고 해도 비용과 시간이 만만찮아서 여전히 귀족 운동에 가깝다. 하지만 캐나다에서는 꼭 골프에 도전해보자. 필드 이용료가 10달러에서 100달러 사이로 매우 싼데다 다른 부대비용도 그다지 들지 않는다. 캐디도 없고, 카트를 이용하지 않아도 되기 때문에 부담스럽지 않은 비용으로 골프를 즐길 수 있다.

새파란 하늘과 푸른 잔디에서 마음에 맞는 사람들과 라운딩을 즐기다 보면 어느새 골프의 매력에 푹 빠지게 된다. 내가 살던 동네의 골프장은 1년 무제한 이용 회원권이 650달러, 한국 돈으로 60만 원 정도였다. 회원 등록하고 매일 조깅하듯 1년 동안 100회 정도 골프 라운딩을 나갔으니 1회 비용이 6천 원 정도. 커피 한 잔 값으로 골프 라운딩이라니 얼마나 매력적인가! 그리고 밴쿠버에는 정말 아름다운 골프장이 많다. 골프를 좋아한다면 캐나다의 유명 골프장 투어도 다닐 만하다.

3 | 맛집 탐방

캐나다는 쇼핑의 나라도 아니지만 요리 천국도 아니다. 캐나다에서 "여기가 맛집이야!"라고 추천할 만한 식당은 딱히 없다. 내 개인적인 생각일 뿐이지만, 한식이든 일식이든 세계 어느 요리든 맛집 문화가 발달한 우리나라 식당이 훨씬 훌륭하지 싶다. 하지만 캐나다에도 나름 분위기 좋은 식당이 있으니 맛집 탐방을 즐겨보자. 유명 레스토랑이나 분위기 좋은 카페는 아이들이 좋아하지 않거나 불편해할 수 있으니, 아이들이 캠프나 학교에 간 시간에 어른들끼리 다니는 편이 나을 것이다.

4 | 와이너리 탐방

밴쿠버에서 동쪽으로 네 시간 정도 차를 달리면 오카나간 지역이다. 호수일 거라고는 차마 상상이 안 가는, 바다처럼 큰 오카나간 호수가 그곳에 있다. 호수 주변으로 감탄을 자아내는 수려한 풍광이 펼쳐져 있다. 특히 이곳은 과일을 재배하기에 적당한 기후라 과수원과 와이너리[Winery]가 많다. 미국 캘리포니아의 나파밸리 정도는 아니지만 멋진 포도밭이 여러 곳 있으니, 아이들이 일주일 자고 오는 쿠아노스나 주빌리 같은 캠프에 갔을 때 어른들끼리 방문해보자. 와이너리에서 운영하는 레스토랑은 대부분 맛집이다. 와이너리 탐방과 함께 분위기 있는 레스토랑에서 맛있는 식사를 즐기다 보면 그간의 피로가 말끔히 풀리지 않을까 싶다.

◆ 어른과 아이가 함께하기 좋은 액티비티 ◆

1 | 공원 탐방

캐나다는 축복받은 나라임에 틀림이 없다. 시원스레 펼쳐진 푸른 숲 사이로 반짝이는 호수, 작은 동네 공원마저도 관광명소가 부럽지 않을 정도다. 운전을 하다 보면 공원을 수시로 만나게 된다. 그중에는 해변에 펼쳐진 공원, 스릴 만점 놀이기구를 완비한 공원 등 특색 있는 공원이 많다. 한달살기라면 공원 탐방만으로도 시간이 모자랄 것이다.

캐나다 공원에서는 대부분 취사와 바비큐가 가능하다. 나는 공원에 갈 때마다 간단한 캠핑장비와 간식거리를 챙겨 가서 소풍을 즐겼다. 일상의 여유를 만끽하며 "여기가 천국이구나"를 얼마나 외쳤는지 모른다.

밴쿠버 근교에서 기억에 남는 공원을 몇 군데 소개하려고 하니 열 손가락이 부족하다.

스탠리 공원(Stanley Park)

밴쿠버에서 가장 유명한 공원이다. 자전거를 빌려 공원을 한 바퀴 돌면 밴쿠버가 얼마나 아름다운 도시인지 실감할 수 있다.

호스슈베이 공원(Horseshoe Bay Park)

밴쿠버와 밴쿠버 섬을 오가는 페리 선착장 옆에 있다. 바다와 산과 하늘이 어우러져 전망이 환상적이다. 피시앤칩스 맛집도 있다.

퀸엘리자베스 공원(Queen Elizabeth Park)

사계절의 변화를 느낄 수 있는 도심의 공원이다.

테라노바 공원(Terra Nova Park)

아이들이 신 나게 놀 수 있는 모험 놀이터가 있다.

디어레이크 공원(Deer Lake Park)

잔잔한 호수에서 저렴한 비용으로 카약과 카누를 즐길 수 있다.

바넷마린 공원(Barnet Marine Park)

수려한 자연 경관을 배경으로 게 잡이를 할 수 있다.

벨카라 피크닉에어리어 공원(Belcarra Picnic Area Park)

하늘 높은 줄 모르고 쭉쭉 뻗은 나무로 둘러싸인 호수다. 낚시나 게 잡이 체험을 하며 바비큐 파티도 열 수 있어 가족 나들이로 제격이다. 다만 곰을 조심하자.

번츤레이크 공원(Buntzen Lake Park)

울창한 산림에 감춰둔 비밀의 호수 같다. 눈부실 만큼 아름다운 호수에서 낚시를 즐기는 사람들이 많다.

휘슬러레인보우 공원(Whistler Rainbow Park)

눈 덮인 웅장한 휘슬러 산을 배경으로, 숲 향기를 맡으며 수영을 즐기다 보면 하루가 쏜살같다.

앨리스레이크 공원(Alice Lake Park)

스쿼미시[Squamish]에 위치해 있다. 아늑한 호수에서 카약과 카누를 탈 수 있고, 잔디에 돗자리를 깔고 한나절 보내기에 안성맞춤이다. 캠핑장이 잘 되어 있어 캠핑도 가능하다.

앰블사이드 공원(Ambleside Park)

밴쿠버 서부 도심에 있다. 파크로열 쇼핑센터가 근처에 있어 자연과 쇼핑을 한 번에 즐길 수 있다.

라이트하우스 공원(Lighthouse Park)

캐나다의 상징인 빨간 등대를 볼 수 있다.

여기서 소개한 공원 말고도 동네마다 보석 같은 작은 공원들이 곳곳에 숨어 있다. 캐나다에서 가장 추천하는 여행 1순위가 '멋진 공원 즐기기'임을 다시 한 번 강조하고 싶다.

2 | 하이킹

걷기를 누구보다 싫어했던 내가 하이킹의 재미에 푹 빠지게 되었다. 나이가 들어서인지 캐나다의 자연에 반해서인지는 모르겠지만, 밴쿠버 딥코브[Deep Cove]에서의 짧은 하이킹이 첫 시작이었다. 한 시간 반을 걷다가 만난 광경은 그야말로 숨이 턱 막히게 아름다웠다. 이런 절경을 볼 수 있다면 한두 시간 하이킹쯤이야 아무것도 아니라는 생각이 들 정도였다. 한 달이든 세 달이든 일 년이든 캐나다를 여행하면 꼭 해야 할 목록을 하나 더 추가해보자. 하!이!킹!

린캐니언(Lynn Canyon)

밴쿠버 시내 근처에 린캐니언이 있다. 린의 서스펜션브리지는 짧지만 캐필라노의 그것 못지않게 아찔하다. 이끼 낀 나무들이 빼곡한 린캐니언의 멋진 매력을 느껴보자.

딥코브(Deep Cove)

한 장의 풍경화처럼 눈부시게 아름답다. 하지만 트레일을 따라 올라가면 더 멋진 광경에 눈이 휘둥그레진다. 딥코브의 매력적인 경관을 충분히 감상하려면 쿼리락Quarry Rock이라고 하는 바위까지 하이킹해보자.

조프리레이크(Joffre Lakes) **주립공원**

휘슬러에서 북쪽으로 한 시간 정도 차를 달리면 조프리레이크 주립공원이 나온다. 산을 오르면 산 아래, 중턱, 위쪽에서 세 개의 호수를 차례대로 만날 수 있다. 브리티시컬럼비아주British Columbia (이하 BC주)의 루이즈레이크와 견줄 만큼 웅장하고 아름답다. 왕복 세 시간여의 하이킹이 고되기는 하지만 푸른 산림, 새하얀 만년설과 어우러진 에메랄드 빛 호수를 세 개나 보고 내려오면 힘든 기억은 깡그리 잊혀진다. 오히려 다시 올라가고 싶다는 마음이 간절할 정도다.

3 | 자전거 타기

'자전거 타기'를 강력 추천한다고 하면, 공원 탐방에 하이킹도 강추라더니 '결국 다 좋다는 거네'라고 싱거워할지 모르겠다. 그럼에도 불구하고 나는 "자전거를 타고 밴쿠버 시내와 근교를 달려보라"고 적극 권하고 싶다. 특히 UBC 앞 해변에서 그랜빌 섬, 키칠라노Kitsilano로 이어지는 해안을 따라 자전거 페달을 밟다 보면 몸도 마음도 바람을 타고 날아갈 것만 같다. 푸른 바다와 맑은 하늘, 하늘거리는 들꽃과 인사하며 달리는 기분은 그야말로 꿀맛이다.

아이들이 자전거를 잘 탄다면 밴쿠버 이곳저곳을 자전거로 살살이 돌아보자. 스탠리 공원 입구에 자전거 대여점이 여러 곳 있다. 세 달 이상 밴쿠버에 머물 예정이라면 중고 자전거를 사도 좋겠다.

4 | 미술관, 박물관 투어

밴쿠버에 있으면서 어떤 점이 가장 아쉬웠느냐고 묻는다면 뉴욕이나 런던, 파리 같은 도시에 비해 문화예술 공간이 부족했던 점을 꼽겠다. 박물관과 미술관이 넘쳐나고 오페라나 뮤지컬 같은 공연을 언제든 즐길 수 있는 도시들에 비하면 밴쿠버는 문화예술 인프라가 적은 편이다. 그래도 명색이 세계적인 도시 아닌가. 조금만 관심을 기울이면 밴쿠버아트 갤러리와 퀸엘리자베스 극장, 그 밖의 작은 박물관과 미술관, 공연장에서 괜찮은 전시와 공연을 찾을 수 있다. 아이들과 함께 틈틈이 문화생활을 즐겨보자.

5 | 낚시와 게 잡이

캐나다에서는 바다와 강, 호수를 쉽게 만날 수 있어 낚시나 게 잡이 하는 사람들을 종종 보게 된다. (한국인들이 모인 인터넷 커뮤니티에서도 낚시와 게 잡이 프로그램을 신청할 수 있다.)

캐나다에서는 낚시를 하려면 라이선스, 즉 낚시 허가증이 필요하다. 허가증은 각 주의 홈페이지에 가면 구입할 수 있다. 밴쿠버의 경우, BC주 홈페이지(www2.gov.bc.ca)에서 레크리에이션 메뉴로 들어가 '낚시와 사냥' 페이지를 찾아가서(Home 〉 Sports, Recreation, Arts & Culture 〉 Recreation 〉 Fishing&Hunting 〉 Get a freshwater fishing licence) 베이직 라이선스Basic Licence를 구입하면 된다. 1년권이나 1일권으로 구입할 수 있다. 허가증 없이 낚시를 하면 벌금을 내야 하므로 꼭 라이선스를 구매해야 하고, 암컷과 작은 게를 잡는 건 불법이라 잡은 즉시 풀어줘야 한다. 라이선스 하나당 게 잡이 틀 두 개, 게 네 마리를 허용하는데, 주마다 제약이 서로 다르니 자세한 내용은 인터넷에서 꼭 확인해야 한다.

우리 아이들은 게 잡이를 무척 즐거워했다. 아이와 함께 꼭 한 번 경험해보라고 권하고 싶다. 너나이모 섬, 바넷마린 공원, 벨카라 공원 등이 게 잡이로 유명하다.

6 | 수상 스포츠

바다, 강, 호수에서 할 수 있는 건 낚시와 수영뿐이 아니다. 수상 스포츠는 모두 가능하다. 나만 해도 캐나다에서 경험한 수상 스포츠가 카약, 카누, 바나나보트, 래프팅&튜빙, 모터보트, 서핑, 워터 트램펄린 등이다.

캐나다는 수상 스포츠를 즐길 수 있는 곳이 너무 많아서 일일이 열거하기가 힘들다. 그랜빌 섬, 디어레이크 공원, 제리코 해변, 딥코브, 해리슨 호수, 오카나간 호수 등 물이 있는 거의 모든 곳에서 저렴한 비용으로 즐길 수 있다. 물이 무섭지만 않다면 누구라도 도전해 볼 수 있다. 아자아자!

7 | 도서관

캐나다의 도서관은 두 말이 필요없다. 다양한 프로그램과 최고의 시설로 입이 다물어지지 않을 정도다. 요즘에는 우리나라 도서관도 시설이나 프로그램이 훌륭해서 캐나다 도서관의 매력이 조금 덜할지 모른다. 하지만 캐나다 도서관에는 좋은 어린이책이 정말 많다. 당연한 얘기지만 모두 영어로 된 책이다. 아이들 데리고 도서관을 내 집 드나들듯 다니다 보면 책에 빠져 아이들 영어 실력이 쑥쑥 자랄 가능성이 높다. 정말 큰 장점이 아닐 수 없다.

8 | 담력 훈련

여행을 다니다가 우리나라 담력 훈련장을 떠오르게 하는 어드벤처파크를 발견했다. 나무와 나무를 잇는 로프를 건너고, 짚라인을 타고 나무 사이를 오가는 시설이 갖춰진 곳이었다. 생각보다 어렵지만 그만큼 스릴 넘치고 짜릿했던 시간! 연령대가 어린 친구들을 위한 어린이 코스도 있으니 색다른 액티비티를 원한다면 어드벤처파크의 담력 훈련에 도전해보자.

마이러캐니언 어드벤처파크(Myra Canyon Adventure Park)

킬로나Kelowna 지역에 있다.

홈페이지 : www.myracanyonadventure.com

와일드플레이 엘리먼트파크(Wildplay Element Park)

메이플리지Maple Ridge, 너나이모Nanaimo, 빅토리아Victoria, 킬로나 등 여러 지역에 있는데, 그중 메이플리지는 밴쿠버에 있다.

홈페이지 : www.wildplay.com

오야마 짚라인(Oyama Zipline)

킬로나 지역에 있다.

홈페이지 : www.oyamazipline.com

9 | 과일 유픽

여름에 캐나다에 머문다면 꼭 경험해봐야 하는 것이 농장 체험, 유픽U-pick이다. 농장에 가서 구매할 과일이나 채소를 직접 따는 체험 활동을 말한다. 캐나다 밴쿠버가 있는 BC주는 여러 과일이 자라기 좋은 기후라 체리, 딸기, 블루베리, 사과 등 유픽을 경험하기에 최고의 지역이다. 과일별로 유픽이 가능한 때가 다르니 시기에 맞춰 근처 과수원을 방문해보자. 유픽을 하며 직접 따서 먹었던 체리, 딸기, 블루베리, 사과의 맛을 잊을 수가 없다. 유픽을 하러 당장 캐나다로 달려가고 싶은 심정이다.

과일별 수확 시기

딸기 : 6월 중순 이후

체리 : 7월(주로 오카나간 지역에서 유픽이 가능하다)

라즈베리 : 7월 초순 이후

블루베리 : 7월 중순 이후

블랙베리 : 7월 중순 이후

사과 : 9월~10월 말(사과 종류에 따라 다르다)

호박 : 10월 말(할로윈 즈음에는 호박 유픽이 인기다)

10 | 마을 축제 참여

시[city]마다 계절별, 휴일별로 다양한 축제를 연다. 대부분 휘황찬란하기보다는 아주 소박하고 담백했다. 처음에는 '애걔, 이게 뭐야!' 했지만 볼수록 담백함이 오히려 매력적이었다. 캐나다의 문화와 생활을 엿보면서 이웃과 소통할 수 있는 각종 마을 축제에 참여해보자. 여름에는 특히 축제가 많다. 각 시의 홈페이지나 레크리에이션센터의 브로슈어 등을 참고하자.

11 | 스포츠 경기 관람

캐나다는 사람들의 스포츠 열정에 비해 프로스포츠의 인기가 낮다. 야구도 토론토의 블루제이스만 메이저리그에 소속되어 있고, 밴쿠버에는 심지어 프로야구 팀도 없다. 프로축구 리그도 약한 편이다. 우리나라 이영표 선수가 소속되었던 밴쿠버 화이트캡스가 있지만, 사람들은 프로축구에 영 관심이 없다. 상황이 이러하니 메이저리그 프로야구 경기를 보려면 시애틀로 달려가야 했다.

하지만 하키는 다르다. 프로하키 팀에 대한 열기가 얼마나 뜨거운지 '캐나다는 하키의 나라'라고 불릴 정도다. 표를 구하기가 어렵기는 하지만, 캐나다에 갔으니 프로하키 경기를 한 번쯤 관람하는 것도 좋은 경험이 될 것이다.

12 | 영화 관람

영어 학습을 위해서는 영어든 한국어든 자막 없이 영화를 봐야 한다. 100% 영어 듣기를 해야 하니 엄마에게는 다소 스트레스일 수 있지만, 아이들은 생각보다 내용을 잘 이해하면서 영화를 즐긴다. 영어 듣기 훈련도 할 겸 시간이 날 때마다 근처 영화관으로 놀러 가자. 화요일마다 어린이 할인 행사가 있으니 잘 이용해보시라.

13 | 볼링

요즘 우리나라에도 어린이나 가족이 함께 즐길 수 있는 볼링장이 심심찮게 눈에 띈다. 캐나다에도 가족 볼링장이 많으니 아이들과 볼링 한 게임 쳐보자. 캐나다 볼링장에서는 대부분 매점snack bar을 운영하고 있어 볼링을 치면서 피자나 나초, 퀘사디아, 햄버거, 핫도그, 샌드위치, 팝콘 같은 음식을 먹을 수 있다. 즐거운 시간을 보내면서 식사도 해결하기에 더없이 좋은 장소가 볼링장일 것이다.

14 | 놀이공원

밴쿠버에서 제일 아쉬웠던 점 하나가 한국만큼 멋진 놀이공원이 없다는 사실이었다. 덕분에 우리나라 에버랜드와 롯데월드가 세계적 규모의 놀이공원임을 깨달았다. 아쉬운 대로 밴쿠버에는 'PNE'라는 야외 놀이시설이 있다. 밴쿠버 근교에는 눈이나 비가 올 때 이용하기 좋은 실내 놀이터 '캐슬인파크'가 있다는 것도 알아두자.

◆ 추천 여행 일정 ◆

여행은 앞으로 5장에서 이야기해보려고 한다. 한 달, 세 달, 일 년, 주어진 시간 안에서 부모의 취향과 아이들의 컨디션, 그리고 여러 가지 여건에 맞추어 여행을 계획하기 바란다. 캐나다에서 살아보기를 하는 동안 많은 액티비티를 즐겼지만 가장 기억에 남는 것은 단연 여행이었다. 살아보기 자체가 여행이지만 그 안에서 즐기는, 여행 속의 작은 여행은 꽤나 매력적이었다.

살아보기 속 작은 여행의 매력은 뭐니 뭐니 해도 비용 절감과 시간 절약일 것이다. 한국에서 로키를 간다면? 한국에서 그랜드캐니언을 간다면? 시간과 비용이 어마어마할 테지만, 캐나다에 있는 동안이라면 훨씬 적은 시간과 비용으로 한결 여유롭게 여행을 즐길 수 있다. 캐나다에서 살아보기를 하는 동안 여건이 된다면 5장을 참고하여 의미 있는 여행을 계획해보시라.

세달살기 해볼까?

세 달의 시간이 허락된다면 캐나다 학교를 알아보자. 3개월부터 아이들 학교 등록을 받아주는 교육청이 있다. 캐나다 시교육청은 보통 1년 단위로 등록을 받지만, 밴쿠버 근교의 델타Delta와 애보츠퍼드Abbotsford 시교육청은 3개월 단위의 국제학생도 등록을 받아준다. 단, 자리가 있어야 가능하다.

형편이 여의치 않아 세 달 동안 아이를 학교에 보내지 않는다 해도 충분히 의미 있는 시간이 될 것이다. 다양한 액티비티와 여행을 즐길 수 있고, 그게 아니라도 캐나다에서 살아보기 여행 자체로 아이에게는 좋은 경험이 될 것이다. 어떤 선택이든 아이와 부모가 원하는 바를 잘 생각해서 결정하도록 하자.

세달살기를 하는 동안 캐나다의 학교를 다닌다고 해도 영어가 눈에 띄게 늘기를 바라서는 안 된다. 너무 큰 기대는 접자. 아이들은 학교를 다니는 동안 언어 감수성을 기르고 타문화에 대한 이해를 높이는 등 영어 이상으로 많은 것을 배우고 경험하리라고 확신한다.

여행은 날씨가 8할은 좌우한다고 해도 과언이 아니다. 아이가 학교에 다니지 않고 세달살기를 한다면 더더욱 날씨가 중요하다. 날씨만 고려한다면 세달살기의 3개월은 6~9월 사이여야 한다.

만약 아이를 학교에 보낼 계획이라면 한국과 캐나다 학교의 학사 일정을 잘 살펴야 한다. 캐나다 학교는 9월에 새 학년을 시작해 다음 해 6월에 끝난다. 7, 8월은 여름방학, 12월 마지막 두 주는 크리스마스 휴가, 3월 셋째넷째 주가 봄방학이다. 반면 한국은 겨울방학이 길고 여름방학은 상대적으로 짧다. 수업일수의 3분의 1 이상을 결석하면 한 학년 유급되니 꼼꼼히 따져야 한다. 방학과 체험학습을 포함한 결석 가능한 일수를 잘 계산해보고, 학년 승반에 문제가 없는지 학교에 문의한 뒤에 시기를 결정하자.

세 달 동안 뭘 하지?

세달살기를 계획한다면 좀 더 여유를 가지고 캐나다에서의 삶을 즐길 수 있다. 여행은 일주일보다 한 달이 좋고, 한 달보다는 세 달이 더 여유 있음은 말해 무엇하랴. 1년은 안 되지만 3개월 정도는 떨어져 지내는 걸 동의하는 남편들도 있어서, 내가 지냈던 델타시에도 세달살기를 온 한국 가족들이 꽤 있었다.

아이들을 학교에 보내지 않고 세달살기를 한다면, 위에서 제안한 한달살기 액티비티를 느긋하게 즐길 수 있다. 도서관과 동네 레크리에이션센터도 자주 가고 바닷가나 호수, 공원에 산책 나가 한가로운 시간을 누려보자. 아이가 학교를 다닌다 해도, 세달살기라면 캐나다를 여유 있게 즐기기에는 부족하지 않은 시간이다. 아이들이 학교에 가면 엄마만의 시간을 갖고, 방과 후에는 아이들과 함께 동네 구석구석을 누비며 오후의 휴식을 갖자.

세 달은 무언가를 배우기에도 좋은 기간이다. 무엇을 배우든 기본기 정도는 다질 수 있는 시간이니 부모든 아이든 새로운 배움에 도전해보자. 승마, 골프, 스케이트, 영어, 요가 등 그간 배우고 싶었지만 미루어두었던 것을 배우자. 한국에 돌아오면 캐나다에서의 3개월이 6개월, 1년 못지않은 시간이었음을 깨닫게 될 것이다.

세달살기는 한달살기로 경험한 액티비티 중 취향과 적성에 맞는 것을 골라 마음껏 즐길 수 있다. 나와 우리 아이들은 자전거 타기, 하이킹, 스키, 공원 탐방 같은 액티비티를 즐겼다. 한국에서는 체력적으로나 시간적으로 차마 엄두를 내지 못했는데, 캐나다에서는 한 번 경험한 뒤로 매력에 빠져 지칠 줄 몰랐던 것 같다. 특히 맘에 든 장소는 가고 또 갔다. 한국에서 가족이나 친구가 오면 꼭 소개해주고 싶어서 갔고, 내가 다시 가고 싶어서 자꾸 갔다. 매력적인 나만의 장소들! 그렇게 나는 로키 지역을 네 번(루이즈레이크는 아마 여덟 번도 더 갔을 것이다), 킬로나가 있는 오카나간 지역은 대여섯 번, 딥코브와 휘슬러, 빅토리아, 시애틀은 셀 수도 없을 만큼 갔다. 내가 사랑하는 사람들도 내가 받은 감동을 그대로 느끼기를 진심으로 바라면서, 그 아름다운 곳들을 여러 번 갈 수 있는 상황에 얼마나 감사했는지 모른다.

세달살기를 한다면 야구, 축구, 농구, 스케이트 같은 어린이 스포츠클럽 활동도 해볼 만하다. 3장에서 다양한 스포츠클럽을 소개할 텐데, 적당한 활동이 있다면 도전해보자. 클럽 활동은 자리만 있으면 중간에 들어갈 수 있으니 언제라도 문을 두드리면 된다.

캐나다에서 머물 동안 할 수 있는 활동은 어느 계절이냐에 따라 다르다. 개인 사정과 아이의 성향, 부모의 취향 등을 잘 살펴 살아보기 시기를 정하기 바란다. 캐나다 밴쿠버는 여름이 그 어느 때보다 좋지만, 겨울의 밴쿠버도 나는 정말 좋았다. 좋고 나쁨은 사람마다 다르고, 또 마음먹기에 따라 다르니 말이다.

일 년은 어때?

'캐나다에서 살아보기를 할 때 어느 정도 시간이 가장 적절하냐?'고 묻는다면 난 한 달도, 세 달도, 일 년도 충분하지 않다고 말할 수밖에 없다. 2년을 살고도 아쉬운 마음을 겨우 달래어 돌아왔는데 '일 년이면 충분해요'라고 어찌 대답하겠는가. 하지만 이 역시 사람마다 천차만별이다. 한국이 너무 그립다고 3개월 만에 짐 싸서 돌아가는 가족도 보았다. 그래도 여건이 된다면 조금 무리해서라도 일 년쯤 살아보길 권하고 싶다. 한 나라에서 사계절을 살아보는 것, 사계절의 액티비티를 경험해보는 것, 아이들이 학교에서 한 학년을 온전히 생활해보는 것은 분명 시간 대비 이상의 의미와 가치가 있다고 확신하기 때문이다. 그리고 일 년! 생각보다 빨리 지나간다.

캐나다에서 일년살기를 하면 한 해의 모든 공휴일과 각종 행사를 다 경험할 수 있다. 여름은 날씨가 좋아 자연을 즐기기에는 더없이 좋지만 안타깝게도 큰 행사가 없다. 영어 문화권에서 유명한 크리스마스, 할로윈, 땡스기빙데이, 이스터 같은 행사가 모두 여름이 아닌 계절에 있다. 일 년을 살면 웬만한 문화 체험은 모두 할 수 있다. 문화 체험, 이것이 다른 나라에서 살아보기를 하는 가장 중요한 이유 중 하나 아닌가.

또한 일 년을 살게 되면 이웃이나 친구와도 안정적이면서 깊은 관계 맺기가 가능하다. 물론 짧은 기간에도 좋은 친구를 사귈 수 있다. 하지만 시간이 길어지면 그만큼 관계가 무르익는다. 전혀 다른 문화권의 친구와 나누는 우정이 아이에게 얼마나 값진 경험인지 충분히 잘 알 것이다.

엄마도 같은 반 학부모나 교회에서 만난 사람 등, 피부색과 국적이 다른 친구를 사귀는 새로운 기쁨을 맛볼 수 있다. 이방인으로서 타지에서 맺어가는 색다른 인간관계, 아이는 말할 것도 없고 부모에게도 평생 잊을 수 없는 추억을 안겨주지 않을까?

자, 일 년 내내 아름다운 캐나다의 자연에서 무엇을 어떻게 즐기면 좋을까? 캐다나에서는 계절마다 즐길 수 있는 액티비티가 다채롭다. 살아보기 시기를 정할 때 각자의 관심에 따라 참고하기 바란다. 여름 액티비티는 한달살기에서 제시한 내용을 참고하시라.

◆ 가을 ◆

1 | 연어 회귀 견학

10월 말은 바다에 살던 연어가 알을 낳으러 자기가 태어난 강으로 돌아오는 '연어 회귀' 시기이다. 물살을 거스르며 발버둥 치듯 헤엄치는 연어 떼를 보다 보면 감동의 눈물이 핑 돈다. 힘이 빠져 강물에 떠내려가다 다시 온몸을 던져 거슬러 올라오고, 잠시 몸을 못 가누고 떠내려가다 또 올라오고……. 그러다 새의 먹잇감이 되거나 끝내 강 위에 알을 낳고 마지막 숨을 거두는 연어들. 허연 배를 드러내고 물 위에 죽어 있는 연어 떼를 보면 생명의 장엄함까지 느껴진다. 연어가 전해준 감동과 인생의 깨달음이 지금도 생생하다.

회귀하는 연어 떼를 볼 수 있는 강이 여럿 있으니 생명력 가득한 감동의 현장을 찾아가보자.

연어 회귀 현장

위버크릭 연어산란장(Weever Creek Salmon Spawning)

밴쿠버 근교에서 가장 유명한 연어 견학 장소다.

캐필라노 강 연어부화장(Capilano Salmon Hatchery)

밴쿠버 클리브랜드Cleveland 공원에 있다.

2 | 할로윈

10월 31일은 북미 사람들이 즐기는 할로윈 축제다. 우리나라에서도 요즘 할로윈 행사를 많이 하지만, 캐나다는 할로윈을 즐기는 사람들의 자세와 규모가 전혀 다르다. 온 동네가 집집마다 멋들어지게 할로윈 장식을 하고 아이들을 맞이한다.

나는 10월 초부터 하루가 다르게 화려해지는 마을을 보면서 눈이 휘둥그레졌다. 할로윈 날 아이들은 밤늦게까지 지칠 줄 모르고 집집마다 사탕을 받으러 다녔다. 그때 받은 사탕과 초콜릿을 몇 달 동안 두고두고 먹었다는 웃긴 경험도 해봤다. 지역 사회에서 하는 다양한 할로윈 행사는 어른아이 모두 함께 즐길 수 있다.

3 | 땡스기빙데이

우리나라에서는 '추수감사절'이라 부른다. 캐나다에서는 10월 둘째 주, 미국은 11월 넷째 주 일요일이 땡스기빙데이다. 다른 기념일에 비해 가족적인 느낌이 강하다. 흩어져 살던 가족들이 모여 칠면

조와 다른 음식들을 나누어 먹으면서 즐거운 시간을 가진다.

◆ 겨울 ◆

1 | 스키

밴쿠버의 겨울은 다른 지역에 비해 따뜻한 반면 비가 많이 온다. 10월 말이나 11월 초부터 비가 내리기 시작해 다음 해 4, 5월까지 계속되니 비 오는 겨울이 꽤 긴 편이다. 그래서 밴쿠버를 '레인쿠버'라고 부르기도 한다. 밴쿠버의 겨울이 우울하고 싫다는 사람도 있지만, 나는 추위를 많이 타는 체질이라 따뜻한 밴쿠버를 사랑한다.

"겨울이 따뜻한데 밴쿠버가 어떻게 스키 천국이지?"라고 묻는 사람도 있는데, 밴쿠버는 진짜 스키 천국이다. 도심의 비는 산에서는 눈이 되는 까닭이다. 밴쿠버의 그라우스 산 스키리조트에도 산 아래는 비, 위는 눈이 내리는 경우가 많았다. 덕분에 밴쿠버 근교에 그림 같은 설경과 멋진 슬로프를 가지고 있는 스키장이 그라우스를 비롯해 사이프러스[Cypress]와 시모어[Seymour] 세 군데나 된다. 게다가 밴쿠버 도심에서 북쪽으로 1시간 반 정도만 가면 세계적인 스키장, 바로 휘슬러 마을과 휘슬러 리조트다.

캐나다에서 일년살기를 한다면 스키를 꼭 타자. 엄마가 여건상 탈 수 없더라도 아이는 꼭 스키를 배워서 타게 하자. 긴긴 겨울을 즐겁고 보람차게 보낼 방법에 대해 조언해달라면 나는 주저 없이

"스키를 배우세요! 스키를 타세요!"라고 대답할 것이다. 물론 스노우 보드도 포함이다!

꿀팁 스노우패스(Snow Pass)

레크리에이션센터 카드와 함께 스노우패스는 초등학교 4, 5학년 아이들을 위한 것이다. 29.99달러를 내고 스노우패스를 만들면 캐나다 전 지역의 150여 스키장을 두 번씩 무료로 이용할 수 있다. 여기에는 휘슬러와 그라우스 등 밴쿠버 근교의 스키장도 포함된다. 캐나다에서 학교를 다니는 4, 5학년 아이라면 스노우패스를 꼭 신청하자. 휘슬러 스키장 1회 이용료를 생각하면 이 혜택을 누릴 수 있다는 것만으로도 행운이다. 아이들의 체력 증진을 위한 캐나다 정부의 노력이 놀랍기만 하다.
홈페이지 : www.skicanada.org/grade-4-5-snowpass

꿀팁 Y2Play 패스란?

밴쿠버 시내에서 30분 남짓한 거리의 그라우스 산은 다양한 액티비티를 즐길 수 있는 여행 명소다. 산 정상에 오르면 하늘과 맞닿은 태평양과 밴쿠버 도시 전망에 감탄이 절로 나온다. 덕분에 봄과 여름에는 하이킹 코스로 유명하고, 겨울이면 가까운 스키장으로 인기 만점이다.
그라우스 산의 스키리조트는 밴쿠버시에서 가장 가까우면서 규모도 상당히 큰 편이다. 가깝고 시설 좋고 자연 경관까지 훌륭하니 스키 타는 재미가 쏠쏠하다. 그런 그라우스 리조트에서 해마다 스키장 이용객들을 위해 시즌패스 할인행사까지 진행한다. 연초에 미리 패스를 구입하면 스키 비용을 몇 곱절 아낄 수 있다.
캐나다에서 일년살기나 두어 달 이상 겨울나기를 준비한다면 한국에서 미리 시즌패스 Y2Play를 사놓자. Y2Play 할인행사는 보통 연초에 진행되는데 정해진 수량만 선착순으로 판매한다. 패스를 사면 그 시점부터 그해 스키장 문을 닫는 3~4월까지 그리고 다가오는 새 시즌, 즉 12월부터 다음해 시즌이 끝나는 3~4월까지 무제한으로 스키장을 이용할 수 있다. 한 시즌 반 정도를 마음껏 이용한다는 얘기인데 가격이 놀랍기만 하다. 어른 439달러, 청소년(13~18세) 299달러, 어린이 119달러다. 한 시즌만 탈 수 있는 시즌권이 어른 869달러, 청소년 679달러, 어린이 419달러이니 Y2Play 패스에 감사하지 않을 수 없다. 만약 Y2Play 구매 시기를 놓쳤다면 시즌 시작 전 얼리 버드(early bird) 시즌권 구매로 비용을 절약하자.
홈페이지 : www.grousemountain.com

2 | 스케이트

겨울 스포츠가 스키만 있는 것은 아니다. 스키를 타지 않는다면 스케이트가 있다. 겨울 스포츠 강국 캐나다에서는 거의 모든 레크리에이션센터가 아이스링크를 운영한다. 스케이트뿐만 아니라 하키, 피겨스케이트 강좌도 곳곳에서 열린다. 초등학교 5학년 이상 청소년은 레크리에이션센터의 아이스링크 이용이 무료다. 본인 스케이트와 헬멧만 있다면 자유 스케이트 시간에 언제든 공짜로 스케이트를 탈 수 있다. 스케이트와 헬멧은 대여도 가능하다.

내가 밴쿠버에 있던 겨울은 다른 겨울에 비해 추워서 기온이 영하로 떨어질 때가 있었다. 그러면 곳곳의 호수가 얼어서 스케이트를 탈 수 있었다. 호수는 얼음이 깨질 수 있어 위험하기는 했지만, 호수에서 타는 스케이트는 정말 색다른 재미를 주었다.

3 | 크리스마스와 박싱데이

북미 최대의 기념일은 뭐니 뭐니 해도 크리스마스다. 캐나다의 축제는 대부분 우리나라보다 싱거웠는데 할로윈과 크리스마스만큼은 규모와 내용 면에서 상상 그 이상이었다. 특히 크리스마스는 어른아이 할 것 없이 한 달 전부터 학수고대하는 모습이 역력했다.

캐나다는 11월 중순이면 크리스마스 준비를 시작한다. 크리스마스용품을 팔기 시작하고, 크리스마스트리를 꾸민다. 내가 살던 동네에도 12월이 다가오자 할로윈 못지않은 화려한 크리스마스 장식이 집집마다 거리마다 내다 걸렸다. 사람들은 돈과 시간을 멋진 크리스마스트리 장식을 위해 아끼지 않고 투자했다. 가족과 이웃을 위해 정성스레 선물을 준비하고, 학교나 교회 같은 공동체에서 크리스마스 행사 준비로 정신없이 바쁜 나날을 보냈다. 크리스마스 열기가 식어가는 우리나라와는 참 대조적이었다. 한 달 넘게 축제 분위기에 취해 지내던 캐나다의 크리스마스가 지금 돌이켜봐도 무척 그립다.

크리스마스 다음 날은 '박싱데이'다. 크리스마스 쇼핑이 끝나고 남은 물건을 대폭 할인해서 파는 날이다. 사람들은 이날을 기다렸다가 새벽부터 쇼핑몰이나 아울렛으로 달려간다. 운이 좋으면 핫딜로 좋은 물건을 저렴하게 살 수 있다. 하지만 사람들이 너무 붐벼 줄서다 지칠 수 있으니 박싱데이에 쇼핑하기로 마음먹었다면 각오를 단단히 하고 나서야 한다.

꿀팁

박싱데이 전에 산 물건인데 박싱데이에 할인하면 가격 조정(price adjustment)을 해준다. 미리 필요한 물건을 산 뒤에 가격 조정을 받는 것도 체력 소모를 줄일 수 있는 방법이다.

◆ 봄 ◆

1 | 이스터

예수의 부활을 축하하는 부활제, 이스터는 크리스마스나 할로윈만큼 큰 행사는 아니다. 그래도 봄에 맞이하는 행사 중에서는 가장 크다. 교회에서는 부활제에 온 힘을 쏟고, 각 시에서도 달걀 찾기 같은 기념행사를 조촐하게 연다. 크리스천들에게는 의미가 큰 만큼 캐나다에서 부활제가 어떤 의미를 갖는지 되새겨보자.

2 | 튤립 축제

에버랜드 튤립 축제에 가본 적이 있다. 구석구석 사람의 손길로 정교하게 빚어낸 느낌이었다. 반면 캐나다의 튤립 축제는 거대한 자연이 시간의 순리에 따라 펼쳐 보이는 작품 같았다. 넓은 들판에 끝이 안 보일 정도로 피어 있는 튤립의 수와 굵고 탐스러운 튤립 송이의 크기에 압도되는 기분이랄까. 봄은 역시 꽃의 계절임을 튤립 축제에서 확인해보자.

3 | 알래스카 크루즈

4월 말이면 밴쿠버의 캐나다플레이스Canada Place에서 알래스카 크루즈 출항이 시작된다. 크루즈 여행은 누구에게나 로망이지만 경비가 비싸 온 가족이 함께 즐길 생각은 꿈에도 하지 않을 것이다. 하지만 해마다 첫 출항에서는 한방을 같이 쓰는 3, 4번째 승객은 세금만 받는 이벤트를 진행해, 말도 안 되게 저렴한 가격으로 7박8일 크루즈 여행을 즐길 수 있다.

4, 5월에 캐나다에서 살아보기를 하는 가족이라면 알래스카 크루즈 여행을 권하고 싶다. 일주일 내내 "내 삶에 이런 호사가 있다니!" 하고 감탄사를 내뱉다가 돌아올 것이다. 집에 돌아오면 왠지 마법이 풀린 신데렐라가 된 느낌이겠지만 말이다.

겨울이 끝날 즈음이면 인터넷에서 알래스카 크루즈 출항 이벤트를 찾아보자. 나는 크루즈발코니여행이란 네이버 카페에서 정보를 얻어 예약했는데, 각자의 정보력으로 알래스카 크루즈 출항 이벤트를 찾아 크루즈 여행에 도전해보면 어떨까?

떠나기 전 알아두어야 할 것들

캐나다는 한 달이든 세 달이든 일 년이든 살아보기에 참 좋은 곳이다. 아니 오히려 얼마를 살아도 아쉬움이 남는 매력적인 곳이라는 말이 더 맞겠다. 미련이 남지 않도록 최선을 다해 살았건만 돌아와서 1년 만에 다시 한달살기를 하러 떠나는 나의 마음을 캐나다에서 살아보기를 한 사람은 이해할 것이다.

자, 매력적인 캐나다로 살아보기 여행을 떠나기 전에 어떤 준비를 해야 하는지, 무슨 물건을 챙겨 가야 하는지, 출발 전 점검해야 하는 사항들이 무언지 살펴보자.

◆ 학교 선택 ◆

일년살기를 결정했다면 아이 학교 입학 수속과 비자 문제를 해결해야 한다. 학교나 지낼 곳 등은 직접 인터넷으로 알아보고 수속을 진행할 수 있다. 유학 서비스를 대행하는 온라인 카페도 많다. (밴쿠버의 경우 네이버 카페만 해도 마이유학인밴쿠버, 헬로!밴쿠버, 도란도란밴쿠버 등 여럿이다.) 아니면 캐나다 전문 유학원을 찾아가도 좋다. 유학원마다 추천하는 장소와 학교가 조금씩 다른데, 아이의 성향과 부모의 라이프스타일, 살아보기의 목적 등을 고려해 선택하면 된다. 요즘은 유학 박람회나 인터넷 카페에서 할인가나 무료로 대행서비스를 제공하기도 한다. 혼자 수속하기가 버겁다면 비용을 조금 들여 전문가의 도움을 받는 것도 시간과 힘을 절약하는 방법이다.

다만 하나 짚고 넘어가야 할 것이 있다. 사립학교와 공립학교에 대한 문제다. 국제학생international student으로 캐나다 학교에 등록할 경우, 공립학교나 사립학교나 학비가 크게 차이나지 않는다. 사립학교 학비가 약간 비싼 정도다. 기숙학교나 아주 비싼 사립학교도 있지만 그런 학교는 열외로 치자. 그럼 캐나다의 공립학교와 사립학교의 차이가 뭘까?

캐나다 사람들에게 공립은 무상교육이지만 사립은 개인이 학비를 부담해야 한다. 캐나다의 사립학교는 대부분 크리스천을 위한 학교이다. 일부 유학원에서 사립학교의 교육 수준이 일반 공립학교보다 뛰어나다고 말하지만, 초등학생 단기 유학에 결정적 영향을 미칠 정도는 아니다.

공립학교에 다니는 아이들은 친구들이 같은 동네에 모여 살아서 방과 후나 주말에 언제든 함께 뛰어놀기가 좋다. 하지만 사립학교 아이들은 각기 다른 동네에 사니 학교 친구들과 어울리려면 엄마아빠의 개입이 필요할 수밖에 없다. 그럼에도 부모가 아이를 사립학교에 보내는 이유는 종교 문제와 부모의 특별한 욕구가 있어서일 것이다. 캐나다의 공립학교와 사립학교는 큰 차이가 없으니 살고 싶은 지역과 거주 형태, 아이의 특성, 종교 등을 고려해서 학교를 결정하자.

◆ 보험 ◆

아이들 의료보험은 학비에 포함되어 있어서 교육청이나 학교에서 챙겨주도록 되어 있다. 하지만 부모의 보험은 개인 부담이다. 캐나다에 가서 들어도 되지만 한국에서 가입해서 가는 것이 더 저렴하다. 이미 가지고 있는 상해보험에서도 해외 병원비를 50% 지원해주는 경우가 있으니 기존 보험도 잘 점검해보자.

의료보험은 한국만큼 좋은 나라가 드물다. 이미 많이들 알고 있겠지만, 해외에서 사고가 나면 엄청난 비용이 든다. 만반의 준비를 하고 출국해야 한다.

또 하나 유의할 점이 있다. 보통 아이 학교 입학 전에 먼저 가서 적응 기간을 갖는데, 그때 아이는 보험에 가입되지 않은 상태다. 며칠이라도 그 기간 동안 아이 보험을 한국에서 들고 가야 한다. 만약 보험을 미리 못 챙겼더라도 걱정은 말자. 캐나다에 여행자를 위한 보험이 있으니 한인타운의 여행사나 주변 지인들에게 물어서 여행자 보험을 들으면 된다.

◆ 액티비티 ◆

앞서 말한 스포츠클럽, 여름캠프, Y2Play 패스 등은 미리 등록하거나 사야 한다. 별것 아니라고 여길 수 있지만, 조금만 준비하면 더 윤택하고 편리하게 여러 혜택을 누릴 수 있다. 이런 정보야말로 진짜 꿀팁임을 알아주었으면 좋겠다.

◆ 짐 싸기 ◆

짐은 최대한 가볍게 가져가자. 도시락이나 학교 준비물은 캐나다에서 사면 된다. 옷도 필요한 만큼만 챙기자. 캐나다에 있으면 옷 차려 입을 일이 거의 없다. 한국 음식도 캐나다의 한인마트에 웬만한 건 다 있다. 캐나다에서는 좀 비싼 멸치, 오징어채, 고춧가루 정도만 챙겨서 가면 된다. 핸드폰도 가서 캐나다 통신사로 가입 · 개통하는 편이 낫다.

한국에서 반드시 챙겨 가야 할 품목은 압력밥솥, 차량용 거치

대와 충전기(바로 써야 할 상황이 생길 수 있다), 비상약, 멀티어댑터, 일회용 장갑, 국제운전면허증 정도다. 갈 때도 올 때도 최대한 가뿐히 움직이는 것이 제일 좋다.

솔직히 어디를 가든 좋고 나쁨은 결국 자신에게 달렸다는 생각이 든다. 이왕 가기로 결정했다면, 그리고 이미 갔다면 '내가 와서 살고 있는 곳이 최고다'라는 마음으로 지내자. 결국 그 마음이 최고의 행복을 선사할 것이다.

사이언스월드

우리나라 어린이과학관 같은 시설이다. 여러 가지 과학 원리를 배울 수 있고 경험해볼 수 있는 장소다. 여름캠프도 엄마들 사이에서 입소문이 나 있다. 연령에 맞게 과학 분야나 코딩 등을 재미있게 알려주니 기회가 된다면 신청해보자.

사이언스월드 캠프

자전거 캠프

트램펄린 파크

동네 골프장

오카나간 지역의 포도밭

호스슈베이 공원
테라노바 공원

번츤레이크 공원
디어레이크 공원
휘슬러레인보우 공원

딥코브의 쿼리락

▲ 조프리레이크 주립공원의

산 아래 호수

조프리레이크의
산 중턱 호수

자전거 타기

게 잡이

담력 훈련장

수상 스포츠

캐나다 친구들

휘슬러 스키장

그라우스 스키장

알래스카 크루즈

연어 회귀

할로윈

페기스코브

팔각 등대

밴쿠버
튤립 축제

앨버타

모레인 호수

3장

어느 날 아이가 말했다. 행복하다고!

아들과 조카를 데리고 캐나다로 가면서 나는 캐나다의 학교생활이 몹시 궁금했다. 무얼 배울까, 어떻게 배울까, 한국 학교와는 무엇이 다를까, 학교생활은 어떨까, 선생님과 친구들은 다정할까, 영어를 잘 못하면 수업을 따라가기 힘들지 않을까.

2년간 아이들의 캐나다 학교생활을 통해 그 궁금증은 대부분 해소되었다. 한국에서 교육계에 몸담고 있는 사람으로서 다른 엄마들보다 조금 더 관심 있게 캐나다 학교생활을 들여다보았고, 공통점과 차이점을 알아내려 애썼다. 캐나다 교육의 장점과 좋은 교수법을 배워서 직접 적용해보고 싶은 마음도 컸다. 배울 점도 많았고 우리나라 교육 현실과는 맞지 않는 점들도 있었다. 오히려 우리가 더 낫다 싶은 점들도 있었다.

아이들 학교생활을 들여다보면서 느꼈던 점과 아이의 학교생활 또는 학교 밖 생활에서 학부모로서 알면 좋은 여러 팁들을 몇 가지 소개해볼까 한다.

물고기 낚는 법을 알려주는 캐나다 교육

우리나라 학교에서는 교과서를 매우 중요하게 여긴다. 선생님들은 1년 교육 과정 동안 교과서를 빠뜨리는 것 없이 꼼꼼히 가르친다. 그래서 어린 시절을 돌이켜보면 '책거리'라는 행사가 떠오른다.

연말 즈음 교과서를 한 권 다 배우면 반 친구들 모두 과자를 가져와 함께 나눠 먹으면서 그 학년을 마무리했잖은가.

그만큼 우리나라는 교과서가 학교교육 과정의 핵심이라고 해도 과언이 아니다. 자율학년제인 중학교 1학년을 지나고 중학교 2학년부터는 교과서 진도에 맞춰 중간 · 기말 고사를 치러야 한다. 부모 세대와 달리 지금은 교육 제도가 많이 바뀌어 평가 방식도 다양해졌지만, 그래도 교과서 진도에 맞춰 시험을 치르는 방식만큼은 여전하다.

우리나라 사교육 현장에서는 미국의 교육 과정을 일부 도입해 쓰기도 하는데, 그때도 영유아나 초등학생 대상의 영어 학원은 주교재가 대부분 미국교과서다. 미국도 우리나라처럼 교육 과정에서 언어, 예술, 수학, 사회, 과학을 주요 교과목으로 가르치기 때문에 과목마다 여러 출판사 버전의 교과서가 있다.

영어 가르치는 일을 업으로 하는 사람으로서 나는 미국교과서를 오랫동안 보아왔다. 15년 전쯤 영어 유치원에 다니는 아이를 가르치면서 처음 미국교과서를 접했다. 그후 영어 유치원을 운영하면서도, 초등 방과후 영어 수업을 진행하면서도 미국교과서를 계속 사용했다. 그 경력을 바탕으로 지금은 YBM 커리어캠퍼스에서 학부모와 선생님을 대상으로 미국교과서 지도 과정을 강의하고 있으니, 미국교과서에 대해서는 알만큼은 안다고 할 수 있다.

우리나라 사교육 현장에서 이토록 열심히 쓰이는 미국교과서를 미국 교육 현장에서는 어떻게 사용할까? 우리나라처럼 꼼꼼히 가르칠까? 미국 아이들도 교과서 내용을 달달 외워서 시험을 볼까?

미국과 캐나다는 엄연히 다른 나라고 교육 현장도 다를 것이다. 그래도 같은 영어권 나라이면서 국경을 맞대고 있어 비슷한 부분이 많으니, 아들의 학교생활을 들여다보면 나의 궁금증을 조금은 풀 수 있으리라 기대했다.

아들의 학교 수업을 자세히 살펴보니, 캐다나에서는 우리나라처럼 교과서 중심의 수업을 진행하지 않았다. 교과서가 있지만 처음부터 끝까지 다 배워서 알아야 하는 것은 아니었다.

캐나다 학교에는 스플릿클래스Split Class라고, 학년이 섞여 있는 반이 많다. 학교의 행정적 편의를 위해 두 학년을 한 반으로 합치는 것이다. 아들은 캐나다에서 지낸 2년을 모두 스플릿클래스에 있었다. 5학년 때나 6학년 때나 5, 6학년 합반이었다. 처음에는 학교의 운영 방침을 순순히 따르는 캐나다 학부모가 놀랍기만 했다. 한국이라면 이런 학교 방침을 학부모들이 두고 볼 리 있겠는가. 학업 수준이 다른 두 학년을 데리고 제대로 수업을 끌어갈 수 있을까 의구심이 들었지만, 결론적으로는 아무 문제 없었다. 학년별로 교과서를 간단히 공부한 뒤 주제를 정해 프로젝트 수업을 진행하기 때문에 스플릿클래스 운영에 별 무리가 없는 것 같았다. 캐나다의 각 주province를 그룹별로 탐구한다거나, 캐나다를 빛낸 역사적 인물을 그룹별로 한 명씩 연구하는 등 주로 사회와 과학 과목에서 프로젝트 수업이 이루어졌다. 국어 시간에도 소설을 하나 정해 언어, 사회, 예술 등의 다각적 읽기 형식의 프로젝트 수업을 하였다.

어찌 보면 2년밖에 안 되는 시간이지만, 엄마로서 그리고 교육 분야에 몸담고 있는 교육자로서 캐나다의 교육 방식을 보며 겸허해졌다. 캐나다 교육은 물고기 잡는 방법을 알려주는 것에 무게 중심을 두고 있어, 교과서 지식을 하나하나 전달하려고 안달하지 않았다. 어떻게 공부할지 알려주면 아이들 스스로 지식을 탐구해갈 것이라는 믿음이 깔려 있는 것이 아니겠는가.

캐나다 학교에 아이를 보낼 한국 엄마들이여, 한국과 다른 교육 방식에 놀라거나 걱정하지 마시라! 아이의 능력과 캐나다 학교를 믿어보자. 아이를 맡기기로 결정한 이상 믿고 따라가는 편이 낫다. 어찌됐든 아이는 색다른 경험의 기회를 얻었고, 그것만으로도 큰 혜택이다. 캐나다살이를 결정한 모든 부모들께 칭찬과 응원을 전하고 싶다.

영어 좀 못하면 어때? 수학 천재 한국 어린이들

캐나다에 와서 아이가 처음 등교하던 날, 아이만큼이나 엄마도 떨린다. 아니, 어쩌면 엄마가 더 떨릴지 모른다. 아이가 새로운 환경에서, 더군다나 내 나라가 아닌 타국에서 반귀머거리, 반벙어리로 하루 종일 지내야 한다고 생각하면 안쓰럽기 그지없다.

'선생님 말씀을 잘 알아들을까? 쉬는 시간이나 점심시간에 혼자 뭘 하지? 친구는 사귈 수 있을까?'

온갖 걱정에 일이 손에 잡히지 않을 것이다. 마음 같아서는 당장 학교로 뛰어가 창문 너머를 기웃대거나 교실에 CCTV라도 달고 싶은 심정이겠지만, 아이들은 부모 생각보다 더 용감하고 뛰어나다. 아이마다 조금씩 다르겠지만 짧게는 며칠에서 길게는 2개월 정도면 웬만큼 학교생활에 적응한다. 학교에서도 다방면으로 지원을 아끼지 않아서, 아이가 수업을 못 알아듣는 것도 시간이 지나면 해결된다. 그래도 영어는 한순간에 늘지 않으니 아이들은 학교에서 온종일 고군분투할 수밖에 없다.

한편으로 영어를 얻으려다 자존감을 잃는 건 아닐까 걱정도 된다. 세상을 살면서 지식보다 중요한 것이 자기 자신에 대한 믿음과 존중 아닌가. 그런데 영어가 미숙하니 벙어리 냉가슴 앓듯 입 꾹 다물고 지내야 할 것이다. 나 역시 아이가 생각을 말로 표현하지 못해서 느끼는 답답함, 영어의 한계로 아는 만큼 평가받지 못하는 억울함으로 좌절하거나 기죽지 않을까 조심스러웠다.

하지만 그건 기우였다. 아이는 빠르게 언어를 흡수했고, 학교 수업도 꽤 잘 따라갔다. 그리고 학교생활에 대한 걱정들을 모두 날려버릴 강력한 무기를 발견했다. 바로 수학이다.

한국 아이들의 수학 실력, 더 정확히 말해 빠르고 정확한 연산 능력은 캐나다 사람들을 깜짝 놀라게 한다. 캐나다 학교에서 한국 아이들은 대부분 '수학 천재'라 불린다. 덕분에 수학 문제를 풀 때는 캐나다 아이들이 꼭 한국 아이들을 찾아와 도움을 청한다. 심지어 선생님들도 한국 아이들의 답안지를 답지처럼 이용한다. 영어에서 상처받은 자존감을 수학으로 치유받는다고 할까?

하지만 꼭 알아둘 것이 있다. 연산이 빠르고 정확하다고 해서 수학 성적을 잘 받는 것은 아니다. 나도 처음에 아들의 연산 실력이 뛰어나서 수학 점수를 잘 받겠거니 기대했다가 실망한 적이 있다. 캐나다에서도 왜 그런 답이 나왔는지 풀이 과정을 설명하지 못하면 좋은 성적을 받을 수 없다. 왜 그렇게 풀었는지 이유도 설명할 수 있어야 한다. 게다가 그룹에서의 역할, 지식을 나누는 태도도 수학 과목의 평가 항목이다. 연산이 빠르다고 평가가 좋을 거란 기대는 버리자.

한번은 아들이 교육청에서 주관한, 우리나라의 경시대회와 비슷한 수학 행사[Math Celebration]에 학교 대표로 참여했다. 한국과 달리 네 명이 한 팀이 되어 실력을 겨뤘는데, 주어진 네 문제에 대해 세 가지 평가 항목 - 정답인가, 풀이 과정이 옳은가, 협동하여 문제를 풀었나 - 으로 점수를 매겼다. 항목마다 문제별로 각각 금, 은, 동 메달이 주어졌다. 요즘 한국에서도 풀이 과정을 정답만큼 중요시하지만, 협동이란 평가 항목이 들어가 있는 캐나다의 수학 교육이 나에겐 매우 신선하게 다가왔다. 그렇다고 해도 연산 실력이 한국 아이들의 자존심을 세워주는 무기임은 변함없는 사실이다.

4無 캐나다

여기서 잠깐, OX 퀴즈 시간!

- 캐나다에는 급식이 있다. (O, X)
- 캐나다에는 학원이 있다. (O, X)
- 캐나다에는 학원 셔틀버스가 있다. (O, X)
- 캐나다에는 선행학습이 있다. (O, X)
- 캐나다에는 시험이 있다. (O, X)
- 캐나다에는 과외가 있다. (O, X)

정답 | 캐나다에는 급식, 학원, 셔틀버스, 선행학습은 없고
시험과 과외는 있다.

캐나다에 학원이 있을까? '없다'고 잘라 말할 수는 없고 '대체로 없는 편'이라고 말하는 것이 더 정확하겠다. 학원 형태의 사교육은 한국, 중국, 인도 사람들이 모여 있는 곳에 가면 있다. 구몬 학습센터 같은 것도 볼 수 있다. 하지만 선행을 위해 매일 학원을 다니는 캐나다 아이는 찾아보기 어렵다. 학년이 높거나 교육열이 높은 지역에 간혹 있을지 모르겠지만, 일반적으로 캐나다 초등학생들은 선행학습을 거의 하지 않는다. 캐나다에서는 교과목 공부를 위한 학원보다는 예체능 활동을 위한 클럽이 대부분이다.

그렇지만 보충수업은 있다. 학습 수준이 '보통'보다 떨어질 경우에는 보충수업을 받는다. 이런 친구들은 학교에서도 따로 관리하고, 집에서도 부모나 개인교사가 아이 성적이 일정 수준에 이르도록 학습을 돕는다. 학원은 없지만 과외는 있다는 얘기다. 동네 도서관에 가면 여기저기에서 개인교습을 받는 아이를 볼 수 있다. 동양인 아이가 대부분이지만 백인 아이들도 심심찮게 보인다. 이렇듯 캐나다에서 개인교사, 즉 튜터tutor는 보편적이다. 고등학생, 대학생, 학교 선생님, 은퇴한 선생님 등 다양한 사람들이 튜터로 활동한다. 특히 파트타임 형태의 고등학생 튜터는 비용이 매우 저렴해서 시간당 10~15불 정도면 수업을 받을 수 있다.

캐나다에 처음 가서 아이가 영어에 어려움을 느낀다면 비싼 과외보다는 고등학생 튜터를 구해 도서관에서 책을 읽어주도록 하면 좋다. 엄마가 읽어줘도 좋지만, 원어민 고등학생이 읽어주면 발음이나 관계 맺기 등에서 장점이 많다. 대학생 과외도 저렴한 비용으로 양질의 수업을 받을 수 있다. 성실하고 똑똑한 이웃의 대학생을 수소문해 튜터를 부탁해보자. 나는 여행 계획을 잡을 때마다 지적이고 야무진 대학생 튜터에게 프로젝트 형태의 수업을 부탁했다. 알래스카 빙하를 보러 갈 때는 빙하에 대해서, 옐로스톤에 갈 때는 그곳 지리에 대해서 아이들이 미리 공부해볼 수 있도록 말이다.

캐나다에서는 학교 선생님도 과외를 할 수 있다. 우리나라는 법으로 금지하고 있지만, 캐나다에서는 내 아이를 가르치는 선생님만 아니면 별 문제 없다. 옆 반 선생님도 괜찮다고 하니, 학교에 맘에 드는 선생님이 있다면 튜터를 정중히 부탁드려도 실례가 되지 않는다. 다만 학교 선생님 튜터는 우리나라 과외 못지않게 비용이 비싸다.

시험은 캐나다에도 있다. 요즘 한국은 초등학교와 자유학년제인 중학교 1학년은 중간 · 기말 고사 같은 지필고사를 보지 않는다. 캐나다 초등학교도 마찬가지다. 하지만 우리나라 단원평가나 쪽지시험처럼 필요하면 종종 시험을 본다. 초등학교 3학년을 캐나다에서 다닌 조카는 매주 단어 시험을 쳤고, 5, 6학년을 다닌 아들은 수시로 사회, 과학, 프랑스어 같은 과목에서 쪽지시험을 봤다.

캐나다에는 없어서 아주 불편한 것이 두 가지 있다. 셔틀버스와 급식이다. 한국은 웬만한 학원들이 셔틀버스를 운행해 부모들의 수고를 덜어준다. 하지만 캐나다는 땅덩이가 넓고 집도 우리네처럼 밀집해 있지 않아서 셔틀버스 운행은 꿈도 못 꾼다. 방과후 활동을 위한 이동은 모두 보호자 몫이다. 나도 아들과 조카의 방과후 활동을 위해 평일 오후마다 지겹도록 운전을 했다. 이 아이 여기 옮겨놓고 다시 저 아이 저기 옮겨놓고, 다시 이 아이 다른 곳에 데려다주고 하다 보면 오후 시간이 훌쩍 지나갔다.

또 없어서 불편한 것이 급식이다. 캐나다에서 매일 아침 아이들 간식과 도시락을 챙겨 보내면서 한국의 급식 제도를 얼마나 고마워했는지 모른다. 캐나다에 온 한국 엄마들에게 제일 힘든 게 무엇이냐고 물어보면 열에 아홉은 "도시락 싸기"라고 말할 것이다. 한국에 돌아와서 가장 좋은 점이 뭐냐고 묻는다면 수저 없이 "도시락을 싸지 않아서"라고 대답할 것이다.

캐나다살이의 가장 큰 고민거리, 도시락

캐나다에서 1년을 살아도, 2년, 아마 5년을 살아도 해결하지 못할 가장 큰 어려움은 영어도, 향수병도 아니다. 바로 '도시락 싸기'다. 싸면 쌀수록 적응되기는커녕 점점 힘들어지고 싫어졌다. 도시락을 안 싸도 된다면 캐나다살이가 백배쯤 더 행복해지지 않을까.

내가 도시락 싸기를 그렇게 힘들어했던 이유가 또 있다. 아들이 치즈, 샌드위치, 햄버거 같은 음식을 먹지 않아 손 많이 가고 재료 구하기 힘든 한식 도시락을 매일 싸야 해서다. 나 역시 '한국인은 밥심으로 산다'는 생각이 뼈에 박인 한국 엄마가 아닌가. 아이가 타국에서 학교 다니느라 에너지가 딸릴까 싶어 열심히 한식 도시락을 쌌다. 처음에는 캐나다 아이들이 김치 냄새를 싫어할까 봐 조심스러웠는데, 교실에 다양한 인종이 모여 있어서인지 아이들은 냄새에 그다지 민감해 하지 않았다고 한다. 그러니 엄마가 좀 힘들고 번거롭더라도 한식 도시락으로 아이를 응원해주는 것도 괜찮지 싶다.

학교선생님과 이메일로 소통하기

한국에서는 멀리 있는 사람과 연락할 때는 보통 전화 통화 아니면 핸드폰이나 카카오톡 같은 SNS 메신저로 문자를 보낸다. 하지만 캐나다에서는 아주 친밀한 사이가 아니면 주로 이메일을 이용한다. 아이들 학교생활과 클럽 활동 관련 공지도 대부분 이메일로 온다. 나도 나중에서야 이런 사실을 깨달았다. 이메일을 확인하지 못해 몇 번 호되게 고생한 뒤에야 말이다.

아들의 야구 연습이 있던 날, 밴쿠버에 이례적으로 큰 눈이 내렸다. 야구 연습이 취소될 만도 한데 아무 연락이 없어서, 거센 눈발을 헤치고 가로등도 없는 밤길을 목숨 걸고 운전했다. 연습 장소인 학교 체육관에 도착했는데 불빛 한 줄기 없이 깜깜했다. 순간 불길함이 엄습했다. 얼른 이메일을 확인했더니 역시나 연습 취소 안내문이 와 있는 게 아닌가! 한국 같으면 카카오톡이나 핸드폰 문자메시지로 연락을 주었을 텐데.

캐나다에서는 수시로 이메일을 확인해야 한다. 학교 선생님들과 연락할 일이 생겨도 가급적이면 이메일을 이용하는 것이 좋다. 만약 아이가 캐나다 학교에서 친구를 사귀지 못하고 적응을 힘들어하면, 혼자 끙끙대며 걱정하지 말고 선생님에게 메일을 보내 정중히 도움을 청해보자. 이메일 쓰기가 두려운 분은 다음의 샘플을 참고하기 바란다.

아이가 학교 생활에 적응하지 못해 도움을 청할 때

Hello Mr./Ms. (선생님 성함),

My name is (부모 이름) and I am (아이 이름)'s parent. I hope this email finds you well.
I write to you to ask for your input on how you think (아이 이름) is adjusting at school. He/she expressed that he/she has yet to find friends he/she gets along with. Given the new environment, I know it is only natural that it will take some time for him/her to make new friends.
However, to help along that process, I wanted to respectfully ask if you could possibly be just a little more mindful of (아이 이름) during this time of transition? Whether it's giving him/her opportunities to pair up with peers that he/she might get along with or to help him/her overcome his/her language barriers — so long as you are able, we would be so grateful for whatever extra help you can provide him/her.
If there are any other tips you have on how I can further help him/her at home, I also welcome them gladly. I hope we can work together to help (아이 이름) adjust well to his/her school environment.
I'm so glad to know that (아이 이름) is learning under such a wonderful teacher at a great school. Thank you for all that you do to pour into your students.

Sincerely,
(부모 이름)

선생님 답장에 감사 인사를 전할 때

Dear Mr./Ms (선생님 성함),

Thank you so much for taking your time to respond. I appreciate all the helpful thoughts you provided and all the additional care you are providing (아이 이름) during this time.
I will continue to try my best to support him/her at home. If there is anything else that comes up pertaining (아이 이름), I hope you won't hesitate to reach out to me.
Thank you again!

Best Regards,
(부모 이름)

캐나다 엄마들과 친해지기

나이가 들면서 사람 사귀기가 점점 힘들다고 느끼는 건 나뿐일까? 오랜 친구만큼 편안하고 맘 맞는 사람을 이젠 도통 만나기가 어렵다. 그러니 외국에서 내 나라 말도 아닌 영어로 친구를 사귀기가 얼마나 어려운 일인지 말해 무엇하랴.

캐나다에 처음 도착하면 혈혈단신, 아는 사람 하나 없는 상황이 자유로우면서도 가슴 저미게 외롭기도 하다. 그러나 걱정할 필요는 없다. 며칠 지나면 한국인 이웃을 금방 만나게 되고, 비슷한 처지의 한국 엄마들과 서로 의지하며 지내게 되니까. 하지만 캐나다인 친구들을 사귀는 건 그렇게 쉽지만은 않았다.

캐나다에 가기 전부터 아이들에 대한 목표는 딱 두 가지였다. 다른 나라에서 색다르고 멋진 경험을 마음껏 해보는 것, 그리고 소통 언어로서의 영어 능력을 최대한 끌어올리는 것. 무엇보다 아이들에게 EFL English as a Foreign Language 환경인 한국에서 채우기 어려운 부분, 즉 영어로 편안하게 듣고 말할 수 있는 환경을 제공해주고 싶었다. 가끔 캐나다에서 영어 학습 과외를 시키는 사람들도 있지만, 나는 학문적 수업은 한국에서해도 충분하다고 생각한다. 그래서 캐나다에 있는 2년 동안 읽기와 쓰기는 학교 교육에 온전히 맡기고, 대신 방과 후에 영어로 의사소통할 환경을 최대한 많이 만들어주고자 했다.

먼저 나는 아들과 조카 친구들의 부모와 친해지려고 노력했다. 부모가 먼저 친해져야 아이들도 서로 만날 일이 늘고 이 집 저 집 오가면서 어울릴 일도 더 생긴다. 놀다 보면 영어를 듣고 말하는 실력이 자연스럽게 향상되지 않겠는가.

캐나다 엄마들과 친해지려고 노력했던 시간들을 지금 와서 돌이켜보면 내 자신이 참 가상하다. 누군가는 '뭘 굳이 그렇게까지 해야 해?' 하고 눈살을 찌푸릴지도 모르겠다. 하지만 인간관계라는 게 노력 없이 얻어지는 건 아니라고 생각한다. 처음에는 다분히 의도적인 관계일지라도 시간의 더께를 입으면 진한 우정이 자리 잡는다. 나

역시도 그랬다.

처음에 나는 일부러 아이들 등하교를 함께했다. 그럼 자주 마주치는 엄마들이 생긴다. 그들의 반응이 어떻든지 난 늘 밝게 웃으며 인사했다. 그리고 처음 6개월 동안에는 학교 행사에 부모 발런티어로 빠지지 않고 참석했다. 캐나다 학교에서는 행사가 있을 때마다 학부모들에게 도움을 요청한다. 발런티어로 학교 행사에 가면 함께 참여하는 열정적인 부모들과 만나게 되고, 그렇게 몇 번 마주치면 곧 친숙해진다.

크리스마스 즈음에는 대부분의 학교에서 '산타와 함께 아침을'이란 행사를 연다. 선생님들은 산타 복장을 하고 아이들과 사진을 찍고, 학교에서는 팬케이크와 과일, 음료 등을 준비해 전교생이 학교에서 가족과 아침을 먹을 수 있게 준비한다. 나는 그 행사에도 발런티어로 참석해 새벽부터 수백 장의 팬케이크를 굽고 몇 시간에 걸쳐 설거지를 했다. 그렇게 만난 같은 반 엄마들에게 나는 먼저 다가가 한국 음식 한번 먹어보라고 불고기를 만들어 돌리기도 하고, 마카롱과 컵케이크 등을 만들어서 나눠주기도 했다. 그렇게 정성을 들여서 엄마들과 친해지면 집으로 초대해 한국 음식을 대접하기도 했다.

다행히 다들 나의 진심을 알아주었고, 우리는 '아이들의 친구 엄마'를 넘어 우리만의 우정을 쌓을 수 있었다. 함께 골프도 치고, 야구 경기도 보러 가고, 여행도 가고, 캠핑도 갔다. 커피를 마시며 수다도 떨고, 맥주 한 캔 들이켜며 서로 다른 문화를 이야기하기도 했다.

육아 문제도 함께 고민하고 나이 드는 기쁨과 슬픔도 함께 나누었다. 학교 발런티어에서 만난 아이들의 친구 엄마들은 이제 내게 '멀리 있어 더 보고 싶은 친구들'이 되었다.

아이가 다녔던 학교의 한 해 행사

9월	PAC Welcome Back BBQ
11월	Holly Family Xmas Market and Bake Sale
12월	Pancake Breakfast
12월	Christmas Concert
5월	Sports Day or School Festival

이 밖에도 학년마다 다양한 행사와 야외 활동이 있고, 그때마다 학부모 발런티어를 모집한다. 여건이 된다면 발런티어로 참석해 아이들의 학교생활을 잠깐이나마 엿보면 좋을 것이다.

캐나다에도 김영란법이 있나요?

한국에서는 김영란법의 시행으로 학부모의 학교 출입을 통제하고, 학교 선생님께 커피 한 잔 대접하는 것도 엄격히 금지하고 있다. 공정성과 투명성을 지키기 위한 김영란법에는 전적으로 동의하지만, 한편으로는 감사의 마음을 표현하고자 하는 개인의 자유마저 빼앗긴 게 아닌가 싶어 아쉽기도 하다. 하지만 누군가의 순수한 마음이 악용되는 것을 막기 위한 법이니만큼 사회 구성원으로서 반드시 따라야 한다고 생각한다.

한국에서 워낙 민감한 문제인지라, 캐나다 학교에서는 학부모로서 어떻게 행동해야 하나 혼란스러웠다. 학부모가 학교 안에 마음대로 들어가도 되는지, 선생님에게 선물을 해도 되는지 모든 행동이 조심스럽기만 했다.

캐나다의 학교와 학부모 관계는 우리보다 자유롭고 편안했다. 용건이 있으면 언제든지 학교에 드나들 수 있었고, 선생님들도 편안한 분위기로 학부모와 소통했다. 원한다면 이메일이나 개인 면담을 통해 상담도 하고 도움도 요청할 수 있었다.

선생님이나 학교 관계자에게 작은 선물로 마음을 전하는 것도 아무 문제 없었다. 선생님에게 촌지나 고가의 선물을 주는 일이 드문지 선물에 대한 통제도 전혀 없었다. 그래서 나는 종업식과 크리스마스에 선생님에게 작은 감사의 선물과 카드를 보냈다. 선물은 받는 사람이 기분 좋고 부담스럽지 않도록 20~30달러 정도 선에서 준비했고, 카드는 아이들이 손수 만들어서 쓰게 했다. 봄바람이 살랑 부는 계절에는 튤립 한 다발, 제빵 수업 다음 날에는 예쁘게 포장한 마카롱과 컵케이크를 아이들 편에 보냈다. 그러면 선생님은 “You made my day!”라고 감사 카드를 보내주었다.

영어로 자유롭게 의사 표현이 안 되는 우리 아이들을 가르치느라 고생하는 선생님들에게 감사 인사를 전하고자 했던 내 마음을 캐나다는 어떤 법으로도 규제하지 않아 참으로 다행이었다.

선생님을 선생님이라 부르지 않는 나라

문유석 판사가 쓴 책《개인주의자 선언》을 무척 공감하며 읽은 기억이 있다. 책의 앞부분에 이런 이야기가 나온다.

> 세계 최빈국에서 경제대국으로 일어선 기적에도 불구하고, 시민의 힘으로 민주화를 성취하여 평화적 정권교체가 주기적으로 이루어지는 전 세계에서 몇 안 되는 나라임에도 불구하고, 총에 맞거나 칼에 찔릴 위험 없이 강남역, 홍대 앞에서 새벽까지 젊은이들이 술 먹고 심지어 길바닥에 쓰러져 자기도 하는 몇 안 되는 나라임에도 불구하고, 객관적 지표로는 적어도 세계 상위 20퍼센트 또는 10퍼센트 내에 드는 장점을 많이 갖고 있음에도 불구하고, 여기가 싫어서 이민 가고 싶다고들 하지만 세계지도를 놓고 정말로 찬찬히 들여다보면 미국이나 유럽의 열몇 곳을 빼고는 살기 좋다 할 만한 곳이 별로 없다는 것이 유감스러운 인류의 현재임에도 불구하고, 많은 한국인들이 힘들어하며 미래를 불안해 하고, 아이를 낳아 키우는 걸 두려워하고, 사회에 절망한다. 물론 그럴 만한 이유는 충분하다. 양

극화, 빈부격차, 불평등, 취업난, 저성장. 그런데 지구 전체가 겪고 있는 이런 보편적 질환만으로도 힘든데 우리 사회 특유의 체질이 증세를 점점 악화시켜 우리를 더 고통스럽게 만들고 있다. 나는 감히 우리 스스로를 더 불행하게 만드는 굴레가 전근대적인 집단주의 문화이고, 우리에게 부족한 것은 근대적 의미의 합리적 개인주의라고 생각한다.

이렇게 긴 글을 인용한 이유는 캐나다에 다녀와서 이 말이 정곡을 찌르듯 내 가슴 깊이 와 닿았기 때문이다.

한국에 살면서 내가 불편하게 여기는 부분, 반면 캐나다에서는 감동을 받은 부분이 바로 이 지점이다. 대한민국에 살면서 내가 막연하게 느끼는 불편함은 문유석 판사의 말처럼 우리의 가정, 학교, 사회에 깊이 뿌리 내린 위계 질서 때문임을 깨달았다. 그 사실을 단편적으로 보여주는 예가 호칭의 문제다. 우리는 사람을 이름보다는 그 사람의 직급 또는 직책으로 부르는 경우가 많다. 아이의 담임선생님 이름을 알고 있는지? 알고 있다면 옆 반 선생님 이름은 아는지?

흔히 우리는 선생님을 이름 대신 6학년 2반 선생님, 교장선생님, 보건선생님이라고 부른다. 회사에서도 김 차장님, 박 부장님이라고 직급을 부른다. 어린 사람한테는 누구누구 씨라고 이름을 부르면서 윗사람은 절대 이름을 부르지 않는다. 그렇지 않으면 예의에 어긋난다고 여긴다.

하지만 캐나다에서는 모두 이름을 부른다. 우리 아이 담임선생님은 윌슨Ms. Wilson이었고, 옆 반 선생님은 룸스돈Ms. Lumsdon이었다. 선생님을 '몇 반 선생님'이라고 부르는 사람은 아무도 없었다. 교장선생님도 한론Ms. Hanlon이라고 부르지 교장선생님이라고 부르지 않았다. 한국에서처럼 선생님을 'teacher'라고 부르면 다들 무척 어색해 할 것이다. 나이가 많든 적든, 직급이 높든 낮든 서로 이름을 부를 수 있는 사회, 누구나 평등하고 자유롭게 어울리는 사회가 진정 부러웠다. 우리는 호칭에서부터 이미 위아래가 확실히 나누어져 있으니 사회 조직 대부분이 경직되어 있음은 말해 무엇하겠는가.

캐나다에서 사람들과 잘 어울릴 수 있는 방법이 있다. 나름 꿀팁이라고 할 수도 있다. 바로 만나는 사람의 이름을 꼭 외워서 불러라. 못 외우면 메모라도 해야 한다. 절대 누구 엄마, 누구 아빠라고 불러서는 안 된다. 아이 친구의 동생이나 할머니, 할아버지, 그 집 개 이름까지 꼭 기억했다가 이름을 불러줘야 한다. 캐나다 사람들은 누구의 무엇으로 부르거나 그 사람의 직업, 직책으로 부르면 낯설게 여길 뿐만 아니라 심지어 무례하다고까지 느낀다.

나는 그 사실을 몰라서 실수를 많이 했다. 이름을 잘 부르지 않는 우리나라 사람들은 이름 외우는 데 약하다. 연산에는 취약한 캐나다 사람들은 놀랍게도 이름 외우기 달인이었다. 처음에는 연산을 잘해서 한국인이 더 머리가 좋다고 내심 우쭐했지만 그건 오산이었다. 캐나다 사람들의 이름 외우는 능력은 대단했다. 역시 머리는 쓰는 쪽으로 발달하는 게 맞나 보다.

학원 없는 캐나다에서 할 수 있는 방과후 활동

캐나다에서 2년을 지내면서 현지 친구들을 제법 사귀었다. 아들 친구 엄마들과도 친해지고, 동네 할머니도 오다가다 친해졌다. 같이 밥도 먹고 차도 마시고, 가끔은 집에 초대도 받아서 갔다. 캐나다 사람들과 이야기를 나누다 보니, 내가 아무리 설명하려고 해도 설명하기 힘든 한국 문화가 몇 가지 있었다. 그중 하나가 우리나라의 '학원' 개념이다. '학원'을 영어사전에서 찾으면 'private institute'라고 나와 있다. 하지만 캐나다 사람들은 그 단어를 듣더니 고개를 갸우뚱했다. 'private school'은 알겠는데 'private institute'는 도대체 짐작이 안 간다고 했다. 역시 배경지식이 없으면 뭐든 이해하기가 힘들다. 캐나다 사람들에게 학원은 클럽 활동에 빗대어 설명하는 편이 나은 것 같다.

사교육에 있어서 한국은 둘째가라면 서러울 나라다. 학원 시스템은 타의 추종을 불허한다. 한국의 학원들은 대부분 셔틀버스로 아이들을 학교 앞에서 태워 갔다가 끝나면 집 앞이나 다른 학원으로 데려다준다. 그래서 아이들은 학교가 끝나면 저녁시간까지 학원을 순회한다.

그럼 캐나다의 초등학생은 3시에 수업이 끝나면 다들 무얼 하면서 시간을 보낼까? 아이를 캐나다 학교에 보내려고 준비하는 엄마들이 가장 궁금해 하는 질문 중 하나이다. 학원이 없으면 도대체 아이들은 낮 시간 동안 뭘 하며 지내야 할까?

한국도 학원은 선택 사항이듯 캐나다에서도 방과후 활동은 부모의 선택에 달렸다. 캐나다는 동네마다 커뮤니티센터, 레크리에이션센터, 스포츠클럽 등에서 다양한 프로그램을 저렴하게 운영하고 있어 이것저것 경험해보기에 좋다. 아이가 학교를 마치면 공원에 나가 뛰어놀고, 도서관에 가서 책과 뒹굴고, 엄마와 집에서 오붓이 시간을 보내는 것도 의미 있는 활동임에 틀림없다. 하지만 한국에서는 비싸거나 거리가 멀거나 상황이 여의치 않아서 엄두를 내지 못했던 여러 활동들에 도전해보는 것은 어떨까? 캐나다 친구들과 어울려 색다른 경험을 쌓는 것도 좋지 않을까?

자, 선택은 여러분의 몫이다!

3학년, 5학년, 6학년 아이들을 데리고 캐나다에서 살아보기를 한 경험을 바탕으로 다양한 방과후 활동을 소개하려고 한다. 종류와 비용, 가입 방법은 우리 가족이 살았던 동네를 바탕으로 했다. 캐나다 어느 지역에 가든 크게 다르지 않을 것이다.

◆ 학교 방과후 ◆

학교에 방과후 활동이 있으면 제일 좋다. 학교 친구들과 함께 할 수 있고, 학교에서 하니 아이들을 데리고 이동하지 않아도 된다. 하지만 캐나다 공립 초등학교에는 방과후 활동이 거의 없다. 합창부나 밴드부 정도가 있을까 말까다.

우리 아이들 학교에도 합창부가 있었다. 조카들이 합창부 활동을 했는데, 별거 아닌 것 같지만 아이들에게는 의미가 컸다. 노래를 함께 부르는 것 자체도 즐거운 일이었지만, 학교나 지역 행사에 합창부가 빠지지 않고 참여하면서 학교와 마을 구성원이라는 소속감을 심어주는 데 아주 좋은 활동이었다.

사립학교는 방과후 수업을 다양하게 운영한다. 사립학교에 등록한다면 학교 방과후 프로그램을 꼭 확인해보자.

◆ 스포츠 활동 ◆

앞에서 이야기한 것처럼 캐나다에서는 동네마다 스포츠클럽 활동이 활발하다. 특히 축구, 야구, 하키, 농구 등의 단체 운동이 그렇다. 클럽 활동으로 이루어지는 단체 운동과 레크리에이션센터와 커뮤니티센터에서 할 수 있는 운동, 사설 학원이나 개인 레슨으로 배울 수 있는 운동을 알아보자.

1 | 스포츠클럽

축구, 하키, 농구, 라크로스 등은 새 학년이 시작하는 9월부터 다음 해 3월까지가, 야구는 3월부터 학년이 끝나는 6월까지가 시즌이다. 보통 클럽 활동은 일주일에 1회 연습, 1회 경기로 이루어진다. 야구는 종종 더 많은 게임을 하기도 한다. 학년이 올라가면 주말에 옆 동네로 원정 경기를 가기도 한다.

스포츠클럽 활동을 하면서 한국에서 온 아이들을 생각보다 만나지 못해 아쉬웠다. 클럽 활동을 평가하라면 별 다섯에 하나를 더 추가하고 싶을 정도다. 현지 친구들을 사귀는 좋은 기회가 될 수 있으니, 아이가 스포츠를 싫어하지 않는다면 꼭 참여해보자.

▷ 클럽축구, 클럽하키

축구와 하키는 운영 시스템이 비슷하다. 실력에 상관없이 원하면 누구나 팀에 들어갈 수 있다. 참여하고 싶은 아이들 모두에게 오픈된 팀을 '하우스팀'이라고 부른다. 운동을 오래 하고 싶거나 실력이 좋은 아이들은 상위 팀이 단계별로 있다. 상위 팀에 들어가고 싶으면 시즌 전에 테스트를 통과해야 한다.

나는 델타 서부 지역에 살고 있어서 'south delta soccer club'으로 구글을 검색해 홈페이지(www.southdeltaunitedsoccerclub.com)를 찾았다. 그곳에서 내 아이 연령대에 맞는 팀을 선택해 가입했다. 캐나다에서 축구 팀은 U와 숫자를 붙여 연령을 구분한다. 예를 들어 U9이면 under9이란 뜻으로 만9세 아이들을 위한 팀이란 얘기이다.

하키도 구글에서 'south delta hockey club'이라고 치니 하키 팀이 여럿 검색되었다. 스케이트를 조금만 탈 줄 알아도, 아니 전혀 탈 줄 몰라도 하키에 관심만 있으면 팀에 들어갈 수 있다. 각 팀에 문의해서 시간과 연습 수준, 장소 등을 고려해서 팀을 선택했다. 단, 하키는 다른 운동에 비해 클럽비가 조금 더 비싸다. 장비를 갖추는 데도 비용이 어느 정도 든다는 점을 감안해야 한다.

축구는 한 단체에서 총괄해 신청을 받은 뒤 여러 팀으로 나누어 운영하는 데 반해, 하키는 지역에 2~3개의 팀이 개별로 운영된다. 여자아이들을 위한 여자 축구, 여자 하키 팀도 있으니 관심이 있다면 각 지역별 girls soccer club, girls hockey club도 검색해보자.

▷ 클럽농구

구글에 'south delta basketball club'을 검색하면 홈페이지(www.southdeltabasketball.org)가 뜬다. 여기에서 아이들 학년에 맞게 지원하면 된다. 농구 팀은 2~3학년, 4~5학년, 6~7학년, 8~12학년으로 묶어서 운영된다. 남녀가 한 팀에서 같이 뛰는데 6~7학년만 남녀 팀이 나누어져 있다. 주중 1회 연습, 주말 1회 경기를 한다.

▷ 클럽스케이트

캐나다는 겨울 스포츠 왕국답게 여름을 제외한 기간에는 모든 레크리에이션센터에서 아이스링크장을 운영한다. 그래서 스포츠클럽과 레크리에이션센터 양쪽에서 스케이트 강좌를 신청할 수 있다.

레크리에이션센터의 아이스링크장에서는 하키 경기 및 훈련, 스케이트와 피겨스케이팅 수업 및 훈련이 이루어진다. 클럽에서는 피겨스케이팅 위주로 활동하는데, 피겨스케이팅을 배우기 전에 기본으로 스케이트 강습도 받는다. 시즌이 끝나는 3월에는 그동안 배운 작품으로 공연을 연다. 오랫동안 피겨스케이팅을 배운 아이들은 프로 선수 못지않은 실력과 작품성을 선보인다.

▷ 클럽야구

다른 종목과 달리 야구는 봄방학이 끝나는 3월 말부터 학년이 끝나는 6월 말까지가 한 시즌이다. 야구는 신청자가 많아서인지 시^{city} 단위가 아니라 마을^{town} 단위로 운영이 되었다. 내가 살던 동네 이름 '래드너^{Ladner}'를 넣어서 검색하면 래드너마이너 야구$^{Ladner\ Minor\ Baseball}$ 팀(www.ladnerminorbaseball.com)이 나온다. 홈페이지에 회원 가입해 신청하면 된다. 야구도 축구처럼 아이들을 여러 팀으로 나누어 시즌을 운영한다.

야구는 일주일에 1회 연습이 기본이고 1~2회 경기가 있다. 클럽야구에서 활동했더니 매년 봄이 참 바빴던 기억이 있다.

▷ 클럽라크로스

우리에게는 생소하지만, 캐나다에서는 팀스포츠로 라크로

스Lacrosse가 유명하다. 원래 캐나다의 원주민들이 즐기던 운동으로, 긴 손잡이가 달린 라켓(크로스 혹은 라크로스 스틱이라 부른다)으로 고무공을 잡아 상대편 골대에 넣는 운동이다. 하키나 축구와 비슷하다. 역시 구글에서 'south delta lacrosse club'이라고 검색하면 홈페이지(www.deltalacrosse.ca)가 나온다. 아들 친구들이 몇 명 라크로스 팀에서 뛰는 것을 보았는데, 한국에서 해보기 힘든 운동이니 기회가 된다면 한번 도전해보자.

▷ 클럽 활동 비용

스포츠클럽은 등록할 때 시즌 전체 비용을 한꺼번에 결제한다. 축구, 농구, 라크로스 등은 9월 말부터 3월 초까지 6개월 정도에 300~400달러이다. 코칭은 모두 부모 발런티어로 이루어지기 때문에 수업료라기보다는 클럽 운영비라고 생각하면 될 것이다. 야구는 시즌 3개월 동안 300달러 정도를 지불한다.

조기 등록(Early Registration)

축구나 하키는 미리 조기 등록하면 할인을 받을 수 있다(모든 종목에 이 혜택이 있는 것은 아니다). 등록 기간을 미리 알아보고 할인의 기쁨을 맛보자! 새 학년 입학을 위해 7, 8월쯤 캐나다에 입국한다면, 한국에서 미리 등록을 해야 한다. 축구는 보통 4월부터 등록을 시작하고, 농구나 하키 등도 여름방학 전부터 등록을 받는다. 새 학년이 시작하는 9월쯤에 등록하려고 하면 마감되는 경우도 생길 수 있다.

2 | 레크리에이션센터와 커뮤니티센터

캐나다에는 동네마다 레크리에이션센터와 커뮤니티센터가 있다. 요즘 한국도 동네마다 주민센터, 청소년수련관, 스포츠센터 등이 생겨 사설 기관보다 저렴한 교육비로 이용할 수 있지만, 프로그램 종류와 운영 규모 면에서 캐나다를 따라갈 수가 없다. 레크리에이션센터에서는 농구, 테니스, 배드민턴, 요가, 줌바댄스 등 다양한 운동을 저렴하게 배울 수 있다. 캐나다에 도착해 대충 짐을 풀었다면 레크리에이션센터부터 찾아가자.

▷ 수영

한국은 사설 수영장에서 대부분 강습을 받지만, 캐나다에서 수영 강습은 레크리에이션센터에서만 이루어지는 것 같다. (적어도 내가 살던 동네는 그랬다!) 레크리에이션센터에 접수하면 무료로 레벨테스트를 해주고 수준에 맞는 수업을 추천해준다. 만약 원하는 시간에 등록이 마감되면 대기자 명단에 이름을 올려놓고 기다려야 한다. 한국의 수영 강습은 수영법에 맞는 자세와 기술에 집중한다면, 캐나다에서는 생존 수영에 보다 초점이 맞추어져 있다. 그래서 레벨테스트 평가 기준도 다르다. 한국에서 오랫동안 수영 강습을 받고 온 아이가 캐나다에서 낮은 레벨을 받고 놀라는 경우를 몇 번 봤다.

▷ 스케이트

레크리에이션센터에서 배우는 스케이트는 기본기 익히기, 하키나 피겨스케이팅을 위한 사전 강습에 초점이 맞추어져 있다.

▷ 승마

캐나다에서 내가 살던 동네는 밴쿠버 시내에서 조금 떨어져 있어 한적했다. 동네에 승마장이 있는데 레크리에이션센터와 연계되어 승마 수업을 받을 수 있었다. 등록은 레크리에이션센터에서 하고 수업은 승마장에서 받았다. 3개월 정도 승마 수업을 했는데 아이들이 매우 좋아해 조금 더 일찍 시킬걸 후회가 될 정도였다.

동네에 승마장이 있다면 승마 수업에 도전해보자. 한국에서는 비용, 거리, 시간 등의 제약으로 접하기 힘든 운동이니 이 또한 강력히 추천한다.

3 | 짐내스틱

우리나라 태릉선수촌에서나 볼 수 있는 체조 시설이 캐나다에는 동네마다 있다. 여자아이들이 모두 실리샐리Silly Sally처럼 앞구르기를 할 수 있는 데에는 다 이유가 있었던 것이다. 선수 될 생각이 아니더라도 짐내스틱에서 체조를 배우면 몸의 균형감을 익혀 안전사고를 줄이는 데 매우 유용하다. 균형감, 순발력, 유연성 등 많은 신체 능력을 기를 수 있으니 기회가 된다면 꼭 짐내스틱을 경험해보라고 권하는 바다. 별 여섯 개 강추 종목이다.

단, 짐내스틱은 다른 운동에 비하면 상대적으로 비용이 많이 든다. 수업 내용에 따라 다르지만 주1회 수업이 3개월에 200~300달러 정도다.

4 | 댄스

캐나다는 방과후 활동을 대부분 비영리단체에서 운영하는데, 댄스만큼은 사설 학원이 많다. 발레, 힙합, 현대무용, 뮤지컬 등을 배울 수 있다. 1년에 두 번 정도 정기공연을 제법 크게 연다. 수업료는 한국과 큰 차이 없다.

5 | 골프

미국, 캐나다, 호주 등 땅덩어리가 넓은 나라에는 동네마다 골프장이 몇 개씩 있다. 한국에 동네마다 헬스장이 몇 개씩 있듯이 말이다. 내가 살던 동네만 해도 골프장이 네댓 군데나 있었다.

나는 골프장 바로 옆에 살고 있어서 동네 할아버지, 할머니, 꼬마들까지 골프 치는 모습을 매일 봤다. 한국에서 골프는 비용이 많이 들어 쉽게 배우지 못하는 고급 스포츠인데, 캐나다에서는 전혀 그런 분위기가 아니었다.

그래서인지 캐나다에 온 많은 한국인들이 골프를 배운다. 나도 처음에는 '골프는 무슨……' 하고 관심을 두지 않다가 동네 골프장 이용료를 알고 당장 마음을 바꿨다. 홀 개수에 따라 싸게는 1만 원에서 홀이 많아 비싸도 5만 원을 넘지 않았다.

골프장에는 대부분 프로 선수가 하는 골프 수업이 있어서 아이들도 취미로 골프를 많이 배운다. 동네 골프장에서 아이와 함께 수업을 받아보자. 골프는 실력에 상관없이 즐길 수 있는 운동이라, 온 가족이 함께 골프를 쳐도 재미가 상당하다. 휴일이나 방학 때 아이들과 동네 골프장으로 골프 치러 종종 나갔는데 매번 아주 화기애애하고 흥미진진했다.

동네 9홀 골프장 이용료가 한국의 키즈카페보다 저렴하니 고민할 이유가 없다. 푸른 하늘 아래 파란 잔디 위에서 사랑하는 내 아이와 골프 치는 모습을 상상하며 도전해보자.

◆ 음악 ◆

캐나다는 음악을 배울 곳도 많다. 동네마다 조금씩 다르겠지만, 조금만 둘러보면 필요한 수업을 찾을 수 있을 것이다.

나는 동네에 뮤직스쿨이 있다는 이야기를 듣고 구글 지도를 검색해 찾아갔다. 그런데 내가 생각한 그런 분위기가 아니었다. 길가에 우거진 나무와 멋들어지게 어울리는, 하얗고 오래된 집이었다. 뮤직스쿨로 고쳐 사용하는 내부도 근사했다.

1 | 뮤직스쿨

뮤직스쿨에는 다양한 악기, 성악, 음악이론 수업이 있다. 피아노, 바이올린, 클라리넷, 색소폰, 기타 등의 악기는 담당 선생님께 일주일에 한 번 시간을 정해서 수업을 들을 수 있다. 수업료는 일대일 레슨으로 1회 30분에 29달러, 40분에 40달러 정도다. 악기 상관없이 수업료는 동일하다.

아들과 조카들이 클라리넷과 피아노 수업을 들었는데, 수업이 한국보다 자유로워 보였다. 바이엘이니 체르니니 하는 교재는 따로 없고 연주하고 싶은 곡을 그때그때 배웠다. 피아노를 아주 잘 치는 한국의 남자아이는 선생님과 매번 즉흥적으로 연주하거나 직접 작곡한 곡을 연주했다.

뮤직스쿨에서는 1년에 3~4회 발표회를 연다. 뮤직스쿨 옆 교회 예배당에서 크리스마스와 학기말, 거기에 한두 번 더 가족들을 초대해 연주하는 시간을 갖는 것이다. 사람들 앞에서 연주하는 경험은 아이들에게 좋은 동기부여가 된다. 또한 부모님에게는 아이의 실력 향상을 확인할 수 있는 시간이기도 하다.

2 | 커뮤니티센터

동네 커뮤니티센터에서도 음악 수업이 있다. 내가 살던 동네에는 피아노, 기타, 보이스 수업이 있었다. 다른 악기는 없고 오직 세 가지 수업뿐이라 조금 아쉬웠다. 아들과 조카는 커뮤니티센터에서 기타와 보이스 수업을 일대일로 받았다. 비용은 뮤직스쿨보다 조금 저렴하다.

3 | 밴드

내가 살던 동네에는 초등학교만 다섯 군데였다. 다섯 초등학교 연합으로 밴드가 하나 운영되고 있었는데, 주1회 연습에 연2회 연주회를 했다. 은퇴한 음악 선생님이 운영하는 밴드로, 적은 비용을 내고 1년 동안 활동할 수 있었다. 아들도 밴드 활동에 참여했는데, 뮤직스쿨에서 주1회 받는 수업으로는 부족한 연습량을 밴드 활동으로 늘릴 수 있어서 좋았다. 밴드는 처음 악기를 시작하는 초급반과, 1년 이상 밴드 활동을 한 중급반 두 개로 나뉘어 운영되었다.

4 | 오케스트라

오케스트라는 동네마다 운영하지 않는다. 음악에 관심이 있어 오케스트라 활동을 원한다면, 가까운 동네에서 활동하는 청소년 오케스트라를 찾아 지원해야 한다.

내가 살던 동네에는 오케스트라가 없고 바로 옆 도시 리치몬드에 비교적 큰 규모의 청소년 오케스트라가 있었다. 뮤직스쿨의 클라리넷 선생님 스티븐이 지휘자였다. 인근 동네에서 오케스트라 활동을 하고 싶은 어린이들은 리치몬드 청소년 오케스트라에 오디션을 보고 들어갔다.

오케스트라는 악기별로 관악기와 현악기, 수준별로 초급과 중급으로 나누어져 있다. 매주 주말 오케스트라 연습이 있고, 1년에 2~3회 오케스트라 단원 캠프가 있다.

5 | 합창단

합창단은 학교 합창단 말고도 마을 합창단이 따로 있다. 마을 합창단에는 성인도 참여할 수 있다. 노래는 삶의 활력소가 되고 스트레스 해소에도 아주 효과적이다. 아이뿐만 아니라 부모님도 합창단 활동에 참여한다면 캐나다살이가 한결 즐거워질 것이다.

노래 부르기를 즐긴다면 마을 합창단 문을 두드려보자. 1년에 2~3회 정기 공연이 있고, 연습은 일주일에 한 번이다. 친구를 사귀면서 노래도 배우고, 일석이조다.

◆ 스카우트 또는 걸가이즈 ◆

어렸을 때 학교에서 보이스카우트나 걸스카우트, 아람단 단복을 입고 돌아다니던 친구들 기억이 난다. 그 친구들이 내심 얼마나 부러웠던지……. 지금도 멋진 유니폼을 입고 사회봉사 활동을 하는 아이들을 보면 귀엽기도 하면서 많은 것을 경험하고 배우겠구나 기대도 된다.

캐나다에서 스카우트Scout 활동을 하면 여러모로 유익하다. 단체 활동 속에서 친구를 깊이 사귈 수 있고, 다양한 활동을 통해 여러 경험을 쌓을 수 있다. 백문이 불여일견이니, 캐나다에 1년 이상 살아 보기를 계획하고 있다면 스카우트나 걸가이즈Girl Guides에 도전해보자.

스카우트 www.scouts.ca (남녀 모두 등록 가능)

걸가이즈 www.girlguides.ca/web (여자 어린이만 등록 가능)

◆ 도서관 프로그램 ◆

동네 도서관에서도 어린이들을 위한 다양한 무료 행사가 열리는데, 주로 영유아를 위한 행사다. 마더구스, 영어그림책 읽어주기, 레고 같은 프로그램이 있다. 미취학 동생을 데리고 캐나다에 간다면 큰아이가 학교 가 있는 동안 참여하기 좋은 활동들이다. 규모가 큰 도서관에는 초등학생과 중 · 고등학생들을 위한 프로그램도 간혹 있으니, 도서관 프로그램도 꼭 챙겨 보자.

◆ 중국어 과외 ◆

캐나다 밴쿠버에는 중국인이 많이 산다. 도시 하나가 중국 같은 곳도 있다. 내가 살던 옆 도시 리치몬드가 그랬다. 그곳에 가면 중국에 간 것 같은 착각이 들 정도였다.

리치몬드 교육청 러닝센터에서는 중국어 교육 프로그램을 체계적으로 운영하고 있다. 아들과 조카들도 주말이면 이곳에서 중국어 수업을 들었다. 아이들의 동의를 얻어 신청했던 수업이지만 주말마다 여행과 여러 일정이 자꾸 겹쳐 그만두었다. 중국어에 흥미가 이미 높아진 터라 그대로 그만두는 것이 아까워 과외를 알아보았다. 지인을 통해 소개 받은 튜터가 저렴한 수업료로(시간당 20달러) 남은 기간 동안 중국어를 잘 지도해주었다. 캐나다에서 1년 이상 거주할 계획이라면 중국어에도 도전해볼 만하다.

막막하면 교회 문을 두드려라

"오늘 저녁 교회에서 재미난 프로그램이 있는데, 올래?"

캐나다에서 아들의 가장 친한 친구는 교회 목사님 아들이었다. 낯선 외국 생활에서 현지 친구의 초대는 신데렐라 언니들이 왕자님에게 초청장을 받은 기분이랄까. 하지만 마음 한구석이 어쩐지 께름칙했다. '교회에 오라'는 말을 '교회에 다니라'는 말로 해석하는 오랜 나의 선입견 탓이었다. 교회에 같이 다니자는 말을 돌려서 했을까 싶어 잠시 허락을 망설였다. 하지만 캐나다에 왔으니 뭐든 경험하게 해보자고 생각을 고쳐먹었다.

아들과 조카들은 신이 나서 아들 친구 루카스를 따라나섰다.

"엄마, 진짜 재미있었어요. 런닝맨에서 하던 게임도 하고. 캐나다 와서 한 것 중 제일 재미있었어요!"

교회에서 돌아온 아이들은 신발도 벗기 전부터 난리가 났다.

'얼마나 재미있었기에 저 난리지?'

내심 안도했다. 낯선 환경 속에서 하루하루 잘 적응하고 있는 아이들에게도 감사했고, 아이들에게 재미있는 경험을 선사해준 루카스 가족과 교회에도 감사했다.

하나님 말씀을 나누고 하나님의 세계로 사람들을 인도하고자 하는 것이 교회 프로그램의 궁극적인 목적일 것이다. 하지만 캐나다 교회는 더 나아가 지역사회의 한 구성원으로서 지역공동체를 돕고자 한다는 걸 캐나다에서 2년을 살면서 깨달았다.

교회는 지역주민들에게 고마운 존재다. 지금 생각해보면 우리 가족도 참 많은 도움을 받았구나 싶다. 그렇다고 내가 교회를 다니거나 크리스천이 된 것은 아니지만, 이제 내 마음에는 교회가 '많은 걸 베풀어준 감사한 존재'로 남게 되었다.

캐나다에 도착해서 뭘 어떻게 해야 할지 막막하다면 교회에 가보자. 집 근처 어느 교회라도 가서 문을 두드리면 누군가 나와서 따뜻하게 맞이해줄 것이다.

우리 아이들에게는 교회에서 운영하는 프로그램이 상당히 유용했다. 루카스 아빠가 목회 활동을 하는 교회에서는 미취학과 초등 저학년 어린이들을 위한 키즈 클럽, 초등고학년 어린이들을 위한 '스라이브Thrive', 청소년을 위한 '유스Youth' 프로그램이 일주일에 한 번씩 운영되었다. 각 프로그램은 연령에 맞는 게임과 활동으로 채워져 있어서, 프로그램이 있는 날 저녁이면 아이들이 삼삼오오 교회로 몰려갔다. 또 격주 금요일 저녁에는 요리, 제빵, 아트 앤 크래프트 등 여자아이들을 위한 다양한 프로그램이 열렸다.

아들은 처음에 루카스네 교회 스라이브 프로그램에만 참여했는데 어느 날 친구 액셀이 자기네 교회에도 오라고 초대했다. 아들은 서로 다른 재미가 있다면서 신이 나 두 프로그램에 참여했다.

교회의 어린이 프로그램은 단기 유학생들에게는 최고의 교육장이다. 학교 끝나고 집에 돌아오면 대부분 한국어를 쓰게 되는데, 교회 프로그램에 참여하면 현지 친구들과 영어로 대화하며 우정도 쌓으니 이보다 더 좋을 수가 없다. 재미까지 있다니 뭘 더 바라랴!

게다가 할로윈이나 크리스마스, 부활절이 되면 특별한 행사가 열려 캐나다 문화를 직접 경험할 수 있는 기회도 얻을 수 있다. 교회에서는 아이들을 위해 최선을 다해 행사를 준비한다. 덕분에 나는 가족도 친구도 없는 남의 나라에서 특별한 명절이 다가와도 걱정이 없었다. 우리에게는 교회가 있으니까!

교회는 아이들만이 아니라 고맙게도 엄마들도 포용해준다. 동네의 큰 교회들은 이민자와 장기체류 외국인들을 위한 ESL 프로그램을 운영한다. 비용은 무료거나 아주 저렴하다. ESL 학습자를 위한 성경공부 프로그램도 있으니, 영어 공부를 계획한 엄마들은 우선 교회 프로그램을 알아보자.

교회 ESL 수업을 듣던 한국인 친구가 어느 날 교회 티타임에 나가보겠다고 했다. 교회 로비에서 동네 교인들이 모여 차를 마시며 이런저런 이야기를 나누는 시간이라고 했다. 나이 지긋한 할머니들이 대부분이었는데, 태평양 건너에서 아이들만 데리고 온 용감한 한국 엄마를 모두 친절히 대해주면서 알뜰살뜰 챙겨주더란다. 그뒤 친구는 교회 할머니들과 무척 친하게 지냈다. 친구는 영어로 대화할 기회를 가져서 좋고, 할머니들은 말동무가 생겨서 좋으니 이보다 유익한 관계가 어디 있겠는가.

아이들 학교 보낸 뒤 영어로 이야기할 친구를 사귀고 싶다면 교회 문을 두드려보자. 성경 말씀처럼 두드리면 열릴 것이다!

꿀팁

나는 2년 동안 3번의 여름을 캐나다에서 보냈다. 여름에는 캠프를 많이 알아보게 되는데 비용이 만만치가 않다. 이럴 때는 교회의 여름캠프가 정말 가뭄의 단비 같다. 시에서 운영하는 커뮤니티센터의 여름캠프보다 프로그램은 더 알차고 비용은 절반이다. 여름방학을 캐나다에서 보낼 계획이라면 주변 교회의 여름캠프 일정부터 챙기자.

내 아이의 학교 밖 생활

아이에 따라, 학교나 살고 있는 지역 특성에 따라 친구를 사귀는 속도와 분위기는 많이 다르다. 같은 동네이지만 아들이 다니는 초등학교와 바로 옆 초등학교는 분위기가 아주 달랐다. 밴쿠버 북부에 살던 친구 이야기를 들으니 그곳은 또 우리 동네와 전혀 딴판이었다.

어찌 보면 당연한 일이기는 하다. 집단을 이루는 개개인의 특성이 모두 다른데, 어떻게 같은 색깔의 집단이 있을 수 있겠는가? 그러니 아이를 캐나다 학교에 보냈다고 내 경험을 일반화하지 않았으면 한다. '캐나다의 학교생활이 대체로 이렇구나' 정도만 알아도 어떤 상황이든 대처하기가 훨씬 나을 것이다.

지금까지 아이들의 학교생활과 방과후 활동을 살펴보았고, 이제 캐나다에서 아이들의 학교 밖 생활은 어떠한지 살짝 들여다보자.

아이의 학교 밖 생활을 크게 생일파티, 플레이데이트Play Date, 슬립오버Sleep Over로 나누어 생각해보았다. 이런 활동은 부모의 도움이 필요하기 때문이다. 물론 더 다양한 생활이 있겠지만 개개인의 능력에 따라 잘 대처해가리라 생각한다.

◆ 생일파티 ◆

아이가 학교에 다니다 보면 생일파티에 초대받거나 초대할 일이 생긴다. 친구를 초대해 생일파티를 열면, 아이들이 캐나다 생활에 적응할 때 많은 도움이 될 수 있으니 번거롭고 힘들더라도 꼭 한 번 추진해보자.

캐나다에서는 생일파티를 다양한 곳에서 여러 형태로 열었다. 연령에 따라 형태가 조금씩 달랐다. 우리 아이들이 경험한 생일파티 장소를 참고해보자. 생일파티를 열 계획이라면 먼저 온 한국 엄마들에게 도움의 손길을 요청하자.

캐나다 초등학생이 좋아하는 생일파티 장소

1. 커뮤니티센터 생일파티
   진행자들이 아이들과 놀아주며 다양한 게임을 진행한다.
2. 레크리에이션센터 수영장 생일파티
   진행자 한두 명이 수영장에서 재미있고 다양한 게임을 진행한다.
3. 동네 워터파크
   아이들끼리 2~3시간 정도 물놀이를 한 뒤 파티룸에서 생일파티를 진행한다.
4. 트램펄린 파크
   아이들끼리 2~3시간 트램펄린 파크에서 논 뒤에 파티룸에서 생일파티를 진행한다.
5. 레이저잽(Lazer Zap)
6. 볼링장
7. 홈파티
   동네 공원이나 집에서 논다. 엄마아빠가 직접 게임을 진행한다.
8. 실내 스케이트장

생일파티를 열 계획이라면 날짜와 장소부터 정해야 한다. 아이와 의논해 초대할 친구들을 추린 뒤 친구들에게 보낼 초대장invitation card을 쓴다. 초대장은 보통 '달러스토어(캐나다의 천원 샵)'에 가면 판다. 직접 만들 계획이라면 파는 초대장을 참고하고, RSVP(참석 여부를 알려주세요) 연락처를 꼭 적도록 하자. 캐나다에서는 이메일이 대중적이니 핸드폰 번호보다 이메일 주소를 적는 것이 좋다. 친구 생일파티에 초대

받았을 경우에도 카드에 적혀 있는 RSVP 연락처로 꼭 참석 여부를 알려줘야 한다. 생일 선물은 20달러 정도 선에서 준비하거나 현금을 선물하기도 한다.

◆ 플레이데이트 ◆

학교생활에 적응하면서 아이들은 친구를 하나둘 사귀었다. 그러다 보니 마음에 맞는 친구들도 생겼다. 아이를 타국 학교에 보내면서 가장 신경 쓰인 부분이 친구 관계였다. 수업이야 시간이 지나면 어느 정도 좇아가겠지만, 친구 관계가 원활하지 않으면 학교생활 자체가 불안할 거라고 생각했기 때문이다. 그래서 매일 학교에서 돌아온 아이들에게 학교생활에 대해 물어보면서 어떤 친구랑 이야기를 했는지, 그 친구에 대한 감정은 어떤지 캐물었다. 아이가 좋아하는 친구가 있으면 부모님 연락처를 알아오게 해 내가 나서서 플레이데이트 약속을 잡았다. 그렇게 호감 가는 친구들을 집에 초대하기 위해 많은 노력을 기울였다.

캐나다 아이들은 학원 스케줄이 그리 많지 않아서 플레이데이트를 잡기가 비교적 수월하다. 약속을 잡을 때에는 간단한 소개와 함께 몇 일, 몇 시부터 몇 시까지 우리 집에서 아이들이 같이 놀아도 되겠냐고 정중히 물어본다. '좋다'는 대답을 받으면 집 주소를 알려주고 몇 시까지 데리러 오라고 일러주면 된다.

플레이데이트 약속이 잡히면 난 만반의 준비를 했다. 영어로 의사소통이 자유롭지 않은 아이들이 친구들과 몇 시간을 놀기는 수월치 않다. 친구들도 와서 재미있어야 다음에 또 놀러 올 게 아닌가. 그래서 아이들이 좋아할 만한 놀이와 음식을 열심히 준비했다. 여자 아이들을 위해서는 컵케이크나 팔찌 같은 만들기 재료를 준비했고, 남자아이들은 온갖 스포츠용품은 물론이고 게임기까지 준비해주었다. 간식도 한국 과자 등을 정성껏 마련해주었다.

친구들을 몇 번 초대하니 우리 아이들도 플레이데이트 초대를 받기 시작했다. 오고 가는 플레이데이트 속에서 피어난 아이들의 우정을 보면서, 나는 힘들지만 아주 뿌듯했다.

◆ 슬립오버 ◆

캐나다에서는 슬립오버 문화가 우리나라보다 더 일상적인 것 같다. 슬립오버가 별건 아니고, 친구 집에 모여서 시간에 구애받지 않고 놀다가 자고 가는 것이다. 아이들이 서로 친해지면 주말마다 슬립오버 시켜달라고 성화다.

나는 처음에 우리 집에서 아이들을 재우는 것도, 다른 친구 집에서 자라고 아이를 보내는 것도 부담스러웠다. 하지만 한두 번 하다 보니 흔한 일상이 되어버렸다. 아이들은 수시로 친구를 데려와 잤고, 친구 집에 자러 간다고 베개 하나 들고 휘리릭 사라졌다.

만약 아이가 친구들을 초대해 슬립오버 하기를 원한다면, 친구들 부모님께 동의를 구하고 몇 시부터 다음 날 몇 시까지 슬립오버

하겠다고 알려주면 된다. 아이를 직접 데리러 오는 부모를 위해 주소도 알려줘야 한다. 한 번의 슬립오버가 열 번의 플레이데이트보다 아이들 우정 쌓기에 더 효과적이다. 그러니 조금 번거롭더라도 아이들을 위해 슬립오버를 추진해보자.

다행히 우리 아이들은 생각보다 캐나다 생활에 잘 적응해주었다. 물론 힘든 순간들도 있었지만, 지나고 보니 아이들과 함께 힘을 합쳐 잘 헤쳐 온 것 같다. 한국에 있는 아빠와 다른 가족, 친구들이 그립고 보고 싶어 눈물 흘릴 때도 있었지만, 우리는 그리움을 마음에 잘 간직한 채 낯선 땅 캐나다에서 씩씩하게 살았다. 학교에서나 학교 밖에서나 뭐든 잘해내는 아이들이 얼마나 기특했는지 모른다. 낯섦을 극복하고, 언어 장벽을 견디고, 그리움마저 이겨낸 이 모든 경험들은 아이들에게 성장의 밑거름이 될 것이라고 믿어 의심치 않는다.

어느 날 문득 정말 미치게 궁금했다. 아이들이 낯선 남의 나라에 와서 행복할까? 그래서 아이들에게 물어봤다. 행복하냐고. 아이들이 대답했다. 행복하다고!

로키의 보석,
루이즈레이크

Math Celebration

la-la-la

학교 방과후 합창부

클럽축구 활동

클럽야구 활동

승마

캐나다 방과후 활동

캐나다에서도 방과후 활동은 부모의 선택에 달렸다. 캐나다는 동네마다 커뮤니티센터, 레크리에이션센터, 스포츠클럽 등에서 다양한 프로그램을 저렴하게 운영하고 있어 이것저것 경험해보기에 좋다.

짐내스틱

골프

뮤직스쿨

MUSIC

오케스트라

스카우트

생일파티

플레이데이트

LE CAPITAINE
D'A BORD
POUR DAMES
Mandy
lamode
.com
st. 1989

퀘벡

쁘띠 샹플랭 거리

4장

아는 만큼 쉬워지고, 겪은 만큼 편해지는 캐나다 살이

캐나다 주거 형태와 임대료

아이와 캐나다살이를 계획할 때 지출이 가장 큰 부분이 학비와 주택 임대료다. 한국에서는 주택 임대료가 보통 전세 형태이지만 캐나다에서는 집을 사지 않는 이상 매달 비용을 지불한다. 그래서 월세가 생활비의 규모를 결정하게 된다.

돈 걱정 없이 크고 좋은 집에서 살 수 있다면 더 바랄 게 없겠지만 현실이 어디 그런가. 내가 쓸 수 있는 생활비 안에서 얼마만큼의 월세를 지출할 수 있는지, 그 규모로 어떤 집을 임대할 수 있는지 알아보자.

◆ 단기 체류 ◆

한 달에서 세 달 정도의 단기 체류를 계획했을 때는 에어비앤비를 통해 집을 구하는 것이 합리적이다. 단기간 집을 빌려주는 곳도 거의 없고, 집을 빌렸다고 해도 가구 하나 없는 빈집에서 살 수는 없다. 가구와 가전, 생활용품까지 모두 마련하려면 비용과 시간 면에서 비효율적이다.

2013년도 여름, 아주버님 가족이 살고 있는 미국 시카고에서 두달살기를 계획하였다. 형님과 아주버님의 도움으로 학교 여름캠프와 프로그램을 알아보고 있었는데, 아들의 친한 친구네 두 가족이 함께 가고 싶어했다. 그때는 에어비앤비 같은 숙박 공유 플랫폼이 없었기 때문에 빈집을 빌렸다. 말 그대로 텅텅 빈 휑한 집이라 두 달 동안 최소한의 생필품과 도구만 사서 난민처럼 생활했던 기억이 있다. 넓은 2층집에 침대는커녕 식탁, 의자, 소파 같은 가구 하나 없었다. 바닥에 이불을 깔고 잠을 잤고, 아주버님 집에서 교자상을 하나 빌려와 옹기종기 모여 밥을 먹었다. 지금 생각해보면 참 '웃픈' 장면이다.

요즘은 에어비앤비를 통해 생활용품이 구비된 살림집을 괜찮은 비용으로 빌릴 수 있다. 숙박 공유 플랫폼은 외국에서 살아보기 여행에 날개를 달아주었다.

◆ 6개월 이상 장기 체류 ◆

1 | 하우스 또는 타운하우스

한국에서도 요즘에는 하우스 형태의 단독 주택이 인기를 얻고 있지만, 한국의 주거 형태는 대부분 아파트다. 한국과 달리 미국과 캐나다에는 하우스가 많다. 물론 도시 중심가에는 콘도나 아파트도 흔하지만, 그래도 땅덩이가 넓은 북미 지역의 집들은 대부분 하우스나 타운하우스다. 하우스는 흔히 마당을 갖춘 단독 주택, 타운하우스는 단독 주택이 여러 채 모여 단지를 이루는 형태를 말한다. 타운하우스는 주택 관리를 함께하는 편리함이 있을 뿐, 기본적으로 하우스와 같다.

도시 중심가는 다르겠지만, 캐나다에서 아파트나 콘도에 사는 사람들을 보면 싱글이나 커플, 은퇴한 노인들이 많다. 아이들이 있는 가족은 주로 하우스에 산다.

▷ 하우스에 살면 좋은 점

학교 근처 하우스를 빌려 살면 캐나다 소시민의 삶을 맛볼 수 있다. 여름에는 뒷마당에 큰 풀장을 만들 수도 있고, 어린아이들이 있는 집은 트램펄린을 하나씩 갖다놓기도 한다.

내가 살던 집은 뒷마당이 어마하게 넓고 과일 나무가 많았다. 여름이면 블루베리와 라즈베리를 따서 실컷 먹다가 잼을 만들어 먹었다. 넓은 뒷마당에서는 바비큐 파티를 벌이기도 했다. 바비큐 그릴이 너무 비싸서 휴대용 가스버너에 삼겹살을 구워 먹었지만 말이다. 그때는 바비큐 그릴 없는 현실이 그렇게 안타까웠는데, 돌이켜보면 그것마저도 즐거운 추억의 한 조각이다.

하우스에 살면 같은 학교 친구들이 앞집, 옆집, 한 집 건너 그 옆집에 살아 만나서 놀기도 편하다. 굳이 플레이데이트를 따로 잡지 않아도 집 앞 공원에 나갔다가 만나 놀고 오며가며 이 집 저 집 기웃거리다가 만나 논다. 이른 주말 아침부터 누군가 똑똑 문을 두드려서 나가 보면 같이 놀자고 찾아온 아이 친구들이었다.

높은 빌딩의 집 한 칸을 차지하고 살다가 앞뒤로 마당이 널찍한 집에서 사니 내 마음도 함께 뻥 뚫리는 듯했다. '하우스에 사는 맛이 이런 것이구나' 하며 2년여의 생활을 누렸다. 한국에 돌아가면 아파트에서 어떻게 다시 사나 걱정했는데, 인간은 역시 적응의 동물인지 몇 주 지나자 답답한 마음이 사라졌다. 널찍한 마당이 그리운 마음만은 여전하지만 말이다.

▷ 하우스에 살면 불편한 점

역시나 첫째는 높은 임대료다. 살고 있는 지역, 집의 크기와 상태에 따라 다르겠지만, 밴쿠버에서 한 시간 정도 떨어진 근교는 하우스 임대료가 2,500~3,000달러 정도였다. 더 큰 집은 3천 달러를 훨씬 웃돌았다.

월세는 매달 지불해야 하는 고정비이므로, 전체 생활비에서 지출 가능한 금액을 잘 따져보고 집을 선택해야 한다. 여유가 있다면 하우스에 살아보는 것도 좋은 경험이 될 것이다.

두 번째는 집 관리다. 주인과 계약하기 나름이겠지만, 집 관리는 책임이 대부분 임차인에게 있다. 캐나다는 겨울에 비가 많고 여름에도 날씨가 좋아, 마당의 잔디가 깎고 며칠 지나면 금세 자라 있다. 잔디 깎는 기계는 집주인이 제공하지만 깎는 일은 임차인이 해야 하는데, 그게 보통 일이 아니다. 처음에는 미국드라마의 주인공이라도 된 기분으로 기분 좋게 잔디를 깎았지만, 몇 번 하고 나니 생각보다 힘이 들고 귀찮았다.

하우스는 청소도 보통 일이 아니다. 방 서너 개에 화장실 두 개, 널찍한 주방과 거실 등 면적이 꽤 넓다. 한국에서는 부부가 집안

일을 분담할 수도 있지만, 캐나다에서는 오롯이 혼자의 몫으로 감당해야 함을 명심하자.

2 | 콘도

한국의 주상복합아파트와 비슷하다고 보면 된다. 비교적 새 건물이어서 깨끗하고 쾌적하다. 고급 콘도에는 헬스장과 수영장 시설도 있다. 집집마다 냉장고, 세탁기, 건조기, 오븐 같은 가전제품이 완비되어 있다. 콘도의 임대료도 그다지 저렴하지는 않다. 동네와 규모, 시설 등에서 차이가 나겠지만 흔히 1,500~2,500달러 사이다. 하우스에 비해 안전과 방범 등 살기 편한 점이 있다.

3 | 아파트

한국과는 개념이 다르다. 콘도보다 상대적으로 오래되었고, 보통 2~4층으로 낮은 건물이다. 집 안에는 냉장고와 오븐 등 생활용품이 갖추어져 있지만 세탁기와 건조기는 공용으로 설치되어 있다. 이 점이 아파트에서 살기 불편한 이유다. 외출할 경우 빨래가 끝나기를 기다렸다가 세탁물을 집에 갖다 놓고 나와야 하니 시간 배분이 쉽지 않다. 아파트에 사는 엄마들이 빨래하다가 약속 시간에 늦는 경우를 종종 보았다. 하지만 임대료는 상대적으로 저렴해서 방이 하나인 원베드룸은 800~1,200달러, 투베드룸은 1,400~1,800달러 정도다.

4 | 코치

코치라 부르는 미니하우스들이 있다. 집을 지을 때 건물 옆에 같이 지은 작은 집이다. 코치는 보통 방 하나에 주방과 거실뿐이어서 싱글이거나 커플 정도만 살 수 있다.

아이와 단둘이 간 경우라면 코치도 추천한다. 임대료는 1,200~1,500달러 정도다.

5 | 베이스먼트

오래된 2층집 중에는 1, 2층에 모두 방과 거실, 주방, 화장실을 갖춘 집이 있다. 그런 집들은 보통 집주인이 2층에 살면서 1층의 방 하나와 거실, 주방, 화장실을 세놓기도 한다. 현관은 각각 따로 사용하는데, 이런 집을 '베이스먼트'라고 한다. 베이스먼트는 시에서 합법적으로 임대 허가를 받았는지 확인해야 한다.

베이스먼트를 임대하여 주인집과 잘 지내면, 아이들에게 좋은 친구가 생기기도 하고 어려운 일이 있을 때 많은 도움을 받기도 한다. 하지만 한 집에 두 가족이 살기 때문에 소음이나 냄새 등의 문제로 충돌할 수도 있으니 신중히 선택해야 한다. 임대료가 저렴하고 (1,000~1,200달러), 현지인과 가깝게 지내면서 캐나다 문화도 배울 수 있으므로 도전해볼 만하다.

캐나다에서 집 구하기

주거 형태에 따른 임대료를 알아봤으니 형편이나 성격에 따라 어떤 집에 살지 결정했을 것이다. 그럼 이제 집을 알아봐야 한다. 어디서 어떻게 알아보면 좋을까? 알아보고 알아봐도 알아볼 일이 끝이 없다니! 하지만 힘을 내자. 캐나다에 가지 않아도 우리에게는 늘 알아보고 결정해야 할 일이 산더미다.

1 | 유학원을 통한 정착 서비스

보통은 유학원에서 정착 서비스를 제공한다. 현지에 있는 유학원 직원이나 대리인이 학교 주변의 집을 알아봐서 대신 계약해주기 때문에, 캐나다에 도착해서 바로 집에 들어갈 수 있다. 유학원의 정착 서비스는 100~150만 원 정도의 비용을 받고, 주택 임대에 대한 모든 업무 및 은행 계좌 개설, 가구 및 생필품 구입, 중고차 준비, 도서관 및 커뮤니티 시설 이용 안내 등을 해준다.

2 | 온라인 커뮤니티

유학원의 정착 서비스를 원치 않으면 인터넷에서 직접 해결하는 방법도 있다. 네이버나 다음 카페 같은 온라인 커뮤니티에서 가고자 하는 지역의 유학, 이민, 단기 체류 등의 정보를 알아보는 것이다. 밴쿠버 유학에 관한 카페는 네이버만 해도 '헬로!밴쿠버' '마이유학인밴쿠버' 등이 있고, '밴조선'이란 사이트도 있다.

커뮤니티에 들어가면 각종 임대와 매매 등의 정보가 있다. 유학생 엄마들이 한국에 들어오면서 살던 집과 가구, 생활용품 등을 유학 오는 가족들에게 양도하는 경우도 종종 있다. 내가 가고자 하는 지역, 양도받을 시기 등이 잘 맞아떨어져야 하겠지만, 수수료나 의사소통의 어려움 없이 집과 필요한 물건을 구하기에는 가장 좋은 방법이다.

3 | 현지에서 직접 구하기

영어로 의사소통이 어렵지 않거나 현지에 도와줄 친구가 있다면 시도해볼 만하다. 직접 보고 결정하는 것만큼 확실한 방법은 없다. 보지 못한 채 "사진과 영상만 보고 결정했다가 막상 살아보니 불편한 점이 많다"고 하소연하는 사람도 적지 않다.

현지에서 직접 집을 구하려면 에어비앤비로 학교 근처 숙소에서 1~2주 머물면서 알아보자. 크레이그리스트 사이트(vancouver.craigslist.org)에 들어가면 임대 매물을 한눈에 볼 수 있다. 내가 원하는 동네와 위치, 주거 형태, 가격 등을 감안하여 맘에 드는 집을 골라 연락하면 된다. 직접 집을 본 뒤 마음에 들어 계약을 할 경우에는 주의할 사항이 있다.

1. 캐나다의 부동산 중개인Realtor은 집을 사고팔 수 있는 중개인

과 임대를 도와주는 중개인으로 나누어져 있다.

2. 캐나다에서는 중개 수수료를 집주인이 지불한다. 크레이그리스트 사이트로 연락된 경우라고 해도 마찬가지다. 집을 빌리는 임차인은 어떤 비용도 내지 않는다.
3. 임대 보증금은 한 달 월세의 절반이다. 한국에서는 월세로 집을 빌려도 상당한 액수의 보증금이 필요하지만 캐나다에서는 그렇지 않다. 월세가 2천 달러면 보증금은 1천 달러면 된다. 계약 기간이 끝날 때 집에 아무 문제가 없으면 보증금을 모두 돌려받고, 집이 파손되거나 청소 상태가 양호하지 못하면 필요한 금액을 빼고 돌려받는다.
4. 캐나다에서는 임대 계약 기간이 대부분 1년이다.
5. 계약이 끝나기 두 달 전에 재계약 여부를 주인에게 알려야 한다.
6. 계획이 달라져 기간을 연장하게 된다면 집주인에게 미리 문의해야 한다. 보통 계약은 1년 단위이지만 집주인에 따라 상황에 맞게 기간을 연장해주기도 한다. 세상에 절대 안 되리라는 법은 없으니 그런 경우가 생기면 걱정하지 말고 집주인이나 중개인에게 물어보자.

전기, 가스, 인터넷 설치는 미리미리!

야호! 드디어 캐나다에서 살 집을 구했다. 학교를 정하고 비자를 받고 살 집까지 구했다면 정착에 필요한 일은 8부 능선을 넘은 것과 같다. 이 정도면 "고생했다"는 칭찬 한 마디가 아깝지 않다.

자, 집은 구했지만 그냥 빈집에 들어가 살 수는 없다. 요즘은 시대가 바뀌어 어른이나 아이나 와이파이 없이 살기가 불가능하다. 캐나다는 무얼 해도 느리다. 한국처럼 모든 서비스가 바로바로 이루어지지 않는다. 인터넷을 미리 신청하지 않았더니 무려 2주를 기다리라고 했다. 급하다고 통사정을 해도 소용이 없었다. 와이파이 없는 2주 동안 우리는 천국과 지옥을 몇 번씩 오르내렸다.

캐나다는 LTE망이 한국처럼 잘 되어 있지 않아서 데이터 속도가 느리고 비용은 비싸다. 핸드폰 기본 통화에 데이터를 2기가 사용하니 한 달 사용료가 4~5만 원이었다. 하지만 2기가가 생각보다 빨리 떨어져서 초과된 데이터 비용이 헉하고 숨넘어갈 정도였다.

또한 현대인은 가스와 전기 없이는 하루도 살기 힘들다. 집에 들어가는 순간, 아니 그 전에 미리 가스와 전기 설치를 신청하자. 전화 신청도 전혀 어렵지 않지만, 영어 통화가 부담된다면 인터넷 신청도 가능하다. 인터넷으로 신청하면 요금제가 다양하고 할인도 받을 수 있다는 장점이 있다. 하지만 그것도 불편하다면 한인이 운영하는 서비스센터를 이용하자. 인터넷에서 연락처를 찾아 전화해서 인터넷 할인 요금제를 부탁하고, 설치 요청도 하면 된다.

BC주 가스와 전기 신청 홈페이지

가스 fortisBC (www.fortisbc.com)

전기 BC hydro (www.bchydro.com)

초기 정착에 필요한 생존 영어

아이들과 함께 캐나다에서 살아보기로 최종 결정을 내린 후 제일 먼저 밀려드는 걱정은 '내가 영어를 못하는데 캐나다에서 어떻게 살아가지?'일 것이다. 이미 캐나다에 다녀온 선배 엄마들이 "영어 잘 못해도 괜찮아요"라고 격려해주어도 불안을 쉽사리 떨칠 수가 없는 게 당연하다.

나 역시도 영어가 유창하지 못하지만 2년을 캐나다에서 잘 살고 왔다. 영어를 못해도 충분히 살 수 있다. 하지만 조금의 불편함은 감수할 수밖에 없다.

캐나다에는 다양한 민족이 들어와 살고 있어서 영어를 못하는 사람들이 의외로 많다. 그래서 캐나다 사람들은 영어에 서툰 사람들에게 익숙하다. 그만큼 배려도 많이 해준다. 학교 선생님들도 다양한 국적의 학생들을 만나와서 영어를 못하는 학부모들과 소통하는 데 크게 불편해 하지 않는다. 그러니 걱정은 고이 접어두고 자신감을 갖자.

하지만 영어에 서툴러서 겪게 되는 귀찮은 일, 기분 나쁜 일은 언제든 생길 수 있다. 생각해보면 의사소통에 아무 문제 없는 한국에서도 가끔 귀찮고 기분 나쁜 일이 생기지 않는가. 그러니 영어를 못해서 겪게 되는 일에 너무 스트레스 받지 말자. 우리 인생에 가끔 그런 일도 생길 수 있다고 여유롭게 생각하자.

그래도 여전히 불안한 분들을 위해 '생존 영어' 몇 마디를 정리해보았다. 캐나다에 도착하면 바로 절실해지는 영어 표현들이다. 사람마다 영어를 대하는 자세가 너무도 다르다. 맞든 틀리든 아무 영어나 무작정 내뱉는 사람이 있는가 하면, 영어 문법을 따져보느라 입도 뻥긋하지 못하는 사람도 있다. 내가 어떤 스타일인지 생각해보고, 영어에 조금이라도 두려움을 느낀다면 정리해준 표현을 미리 연습해보자.

캐나다에 도착해서 처음 며칠이 수월하면 '아! 내가 해냈구나!' 하는 성취감과 기쁨으로 앞으로의 캐나다 생활에 자신감이 생긴다. 그런데 처음 며칠을 고생하게 되면 두려움에 더 움츠러든다.

'아, 앞으로 어떻게 살아가지? 더군다나 애들을 데리고…….'

처음 며칠을 위해 생존 영어 표현들을 연습해보자. 어떤 상황인지 머리에 그리면서 연습하면 훨씬 효과적이다. 내가 있는 공간과 이야기 나눌 상대를 떠올리면서 해야 할 말을 연습하고, 상대방의 대답을 상상해보는 것이다. 대화는 나의 일방적인 말이 아니라 상대방과 주고받는 이야기임을 잊지 말자. 만약 상대방의 말을 알아듣지 못했다면 이 말을 기억했다가 내뱉자.

"So sorry. I am not really fluent at English. Can you speak a little more slowly?"

그러면 상대방이 금방 눈치 채고 천천히 말해줄 것이다.

자, 그럼 이제 상황별 생존 영어에 들어가보자.

◆ 은행 계좌 개설 ◆

한국에서는 은행에 가면 바로 계좌를 개설할 수 있다. 하지만 캐나다에서는 은행에 가서 먼저 담당자와 약속을 잡고 나중에 다시 가야 한다.

처음 은행에 가서

B (Bank Representative) Hello, how can I help you?

C (Customer/Client/Self) Hello, I would like to open up a bank account to my name.

B OK. In order for you to make an account, you will need to schedule an appointment to do so. When would you like your appointment scheduled for?

C Can I come here next Tuesday at 10 AM?

B Sorry! That day is not available. The person in charge will be off. How about next Wednesday at 12 PM?

C That's fine. Please schedule me for the appointment on Wednesday at 12 PM. Is there anything I should prepare before coming for the appointment?

B You can take this form and have it filled out. You should also bring your photo IDs (passport or driver's license) and proof of your current address with you as well.

C Okay, I will make sure to bring those documents with me. Thank you for your help!

B Thank you. See you then.

약속한 시간에 다시 은행을 가서

C I have an appointment at 12 PM today to open my bank account.

B Thank you for coming. How are you today?

C I am very good. How about you?

B Wonderful. So, would you like to open your bank account?

C Yes, please.

B Do you have two photo IDs?

C Yes, I have my passport and international driver's license.

B Great. Can you fill this form out?

C Sure, I will fill it out. (준비해 온 신청서가 있으면 더 빨리 진행할 수 있다.)

B Okay, looks like you're good to go. Here is your new account information.

C Thank you so much. Can I make a deposit right away today?

B Yes, how much would you like to deposit into your account?

C I would like to deposit $1,000.

B Great. I will take care of that for you.

C May I have a printed receipt?

B Yes. Here you are.

C When will I receive a physical debit/ATM card to be able to withdraw money from my account?

B You should receive one in the mail in about 2-3 weeks.

C Until then, can I come to the bank and withdraw money directly through a bank teller?

B Yes, of course. You will simply need to show your photo IDs.

C Thank you so much for your help.

B Thank you for opening up an account with us. Have a nice day!

캐다나 은행에서는 계좌를 개설할 때 신분증(ID)을 요구한다. 이때 여권과 공항에서 받은 비자, 그리고 한국 신용카드가 있으면 된다.

◆ 도서관 카드 발급 ◆

캐나다에 처음 도착했을 때 아이들과 마음 편히 들락거릴 수 있는 곳이 바로 도서관과 레크리에이션센터였다. 학교에 다니기 전에, 친구를 사귀기 전에, 집에 인터넷 와이파이가 깔리기 전에 도서관에 가서 책도 읽고 공부도 했다. 게다가 도서관에는 레고도 있고,

퍼즐도 있고, 컴퓨터도 있어서 무언가 할 게 많았다. 도서관이 지겨울 때는 레크리에이션센터에 갔다. 수영장을 저렴한 비용으로 이용할 수 있었기 때문이다.

도서관 카드 없이도 도서관 이용은 가능하지만 책이나 DVD를 대출할 수는 없다. 도서관 카드를 만들려면 여권, 비자, 그리고 집 주소가 기재되어 있는 계약서나 우편물이 있어야 한다. 도서관마다 요구하는 서류가 조금씩 다르니 직접 확인해보자.

레크리에이션센터와 커뮤니티센터는 인터넷으로 가입하면 된다. 동네 이름으로 레크리에이션센터를 검색하자. 내가 살던 동네는 델타 서부 지역에 있어서 'south delta recreation center'라고 검색했더니 델타시 홈페이지가 나왔다. 그곳에서 레크리에이션센터 등록 페이지(deltareg.ca)로 들어갈 수 있었다. 같은 방법으로 자신이 사는 동네의 레크리에이션센터를 검색하자. 아이들은 부모 이름 밑에 가족으로 등록하면 된다. 보통 레크리에이션센터와 커뮤니티센터 강좌는 인터넷으로 신청할 수 있다. 그래도 카드를 만들어두면 유용하다. 여권과 집 주소가 기재된 계약서나 우편물을 가지고 레크리에이션센터에 가서 카드를 발급받자.

도서관 카드와 레크리에이션센터 카드를 만들기 위해 필요한 영어 표현을 익혀보자.

Self Hello! I would like to open up a new library card today.

L (Librarian) Hi, I can help you with that. Please fill out this form.

Self Is there anything else I need to do?

L Please provide us with your photo ID and proof of your current local residence.

Self Here is my driver's license. Here is also my address as shown in my electricity bill sent to my name.

L Great, you are good to go. Here is your library card.

Self Can I also make a library card for my son/daughter?

L Of course. Please fill this form as well. Here is your son/daughter's library card.

Self Can we start borrowing books today?

L Of course, you can start borrowing today.

Self Can I ask you one more question please? What are the overdue fees like?

L The overdue fee per book is 10 cents each day it is late.

Self I see. Thank you for all of your help.

L You're welcome! Have a great day.

쉬우면서도 어려운 캐나다 운전

나는 캐나다에 가자마자 중고차를 사서 운전했는데, 막히지도 않는 한산한 캐나다의 도로에서 오히려 운전하기가 힘이 들었다. 보행자가 지나가기도 전에 먼저 출발하고, 아무 생각 없이 먼저 가려고 끼어들고, 운전하면서 내비게이션이나 핸드폰을 만지작거리고……. 급하기 짝이 없는 내 운전 태도에 내가 도리어 거슬렸다.

캐나다 사람들은 보행자가 지나가면 차를 세우거나 속도를 줄였다. 차선도 흔쾌히 양보하고, 어떤 일이 있어도 자동차 경적을 울리지 않았다. 내가 본 운전자들은 하나같이 보행자와 다른 운전자를 먼저 배려했다. 그 모습을 보면서 나의 운전 매너를 깊이 반성했다. 캐나다에서 운전하면서 '사람이 먼저!'라는 사실을 실감할 수 있었다. 하지만 세 살 버릇 여든 간다고 했던가. 늘 몸이 생각보다 앞서서 보행자 옆을 스쳐 간다든지, 앞차를 추월해 끼어든다든지 하는 행동을 반복했다. 의식적인 노력 끝에야 결국 캐나다 사람들 운전 매너를 비슷하게나마 따라갈 수 있었다. 캐나다에 가고 싶어하는 한국 엄마들을 만나서 얘기하다 보면 '운전이 능숙하지 않아서' 용기를 내지 못하는 경우도 있었다. 아예 운전을 못하거나 혹은 운전이 미숙해서 넓디넓은 캐나다에서 어떻게 지내나 고민하는 것이다.

운전을 못하면 스카이트레인이나 지하철, 버스 노선이 잘 되어 있는 도심지에서 지낼 것을 추천한다. 도심에서는 대중교통으로도 일상생활에 전혀 무리가 없다. 단, 주말이나 연휴, 방학을 이용해 여행 갈 때는 기동력이 없어 불편할 것이다. 하지만 운전 잘하는 친구를 사귀어 상부상조하면 되니 너무 걱정할 필요는 없다.

그래도 가능하다면 한국에서 열심히 운전을 배워 캐나다에 와서 중고차 한 대 뽑자. 운전을 절대 할 수 없는 이유가 있다면 모를까, 단지 무섭고 미숙해서 운전하지 않는 거라면 용기를 내보라고 말하고 싶다. 캐나다에서 운전한다는 건 발에 날개를 달아주는 것과 같아서 우리를 보다 자유롭게 만들어준다. 또한 앞에서 말한 것처럼 캐나다는 길도 한갓지고 운전자들의 매너도 좋아서 한국보다 운전하기가 수천, 수만 배쯤 수월하다. 캐나다에서는 세 가지 정도만 조심하면, 시쳇말로 "운전 그까짓 거 껌"이다.

◆ 비보호 좌회전, 멈춤 표지판, 학교 앞 서행 ◆

캐나다와 한국의 도로교통법에서 가장 큰 차이점을 말하라면 바로 '좌회전'이다. 우리는 대부분 좌회전 신호를 받아서 좌회전하지만, 캐나다에서는 신호 없이 비보호 좌회전을 하는 경우가 대부분이다. 복잡한 사거리가 아니라면 반대편 차선에서 차가 오지 않을 때 비보호 좌회전을 할 수 있다는 얘기다. 하지만 조심할 것은 '좌회전 신호가 있다'는 표지판이 있으면 반드시 신호를 받고 좌회전해야 한다. 그리고 신호등이 빨간불일 경우에는 아무리 반대편 차선에서 차가 오지 않아도 절대 좌회전하면 안 된다.

비보호 좌회전이 낯선 한국인들은 캐나다에서 처음 운전할 때 타이밍을 놓치기 일쑤다. 운전 경험이 많지 않은 운전자들은 더더욱 그렇다. 한국에서 비보호 좌회전만 연습해서 가면 캐나다 운전, 전혀 어렵지 않다.

꿀팁

비보호 좌회전 규칙

녹색불일 때, 좌회전 신호 없이 좌회전하는 것을 말한다. 노란불로 바뀌었을 때도 비보호 좌회전이 가능하다. 그래야 교통 흐름을 방해하지 않는다. 즉 녹색과 황색 신호일 때 반대 차선을 염두에 두고 좌회전하면 된다.

또 하나 유의해야 할 교통법규가 멈춤 표시다. 멈춤 표지판이 있으면 무조건 3초 정도 정차해야 한다. 멈춤 표지판은 사거리나 삼거리에 많은데, 이때 정차하지 않고 가다가 걸리면 벌금이 꽤 많다. 멈춤 표지판은 차들이 교차로에서 자칫 충돌할 수 있어 사고 예방 차원에서 만들어놓은 것이다. 한국인은 멈춤 표지판 앞에서 정차하는 것에 익숙지 않아 그냥 지나치는 경우가 간혹 있는데, 그럴 때면 다른 운전자들이 클락션을 울리거나 소리를 지르기도 한다. 비교적 매너 넘치는 캐나다 운전자들 눈에도 멈춤 표지판 앞에서 정차하지 않는 차가 무법자로 보여서일 것이다. 나도 처음에는 멈춤 표지판을 보고도 그냥 지나쳤다. 다행히 아무 사고도 없었고 경찰한테 걸리지도 않았다. 정말 운이 좋았다고 생각한다. 하지만 친구 하나는 무심코 멈춤 표지판 앞을 지나쳐 달리다가 경찰에게 걸려 200달러가 훨씬 넘는 벌금을 냈다. 빨간색 멈춤 표지판을 보면 3초간 멈춰 서서 다른 차가 오는지 확인하고 지나가도록 하자. 교차로에서 차들이 마주 서면 먼저 온 순서대로 눈치껏 가는 것이 규칙이다. 이것도 알아두자.

마지막으로 학교 앞에서 절대 과속해서는 안 된다. 시속 30km

이하로 운전해야 한다. 한국에서도 학교 앞은 어린이보호구역이다. 하지만 한국은 내비게이션에서 단속 카메라 위치를 알려주어 조심할 수 있다. 하지만 캐나다에서는 카메라가 설치되어 있지 않은데다 언더커버 경찰이 숨어서 과속한 차를 잡기 때문에 항상 의식하고 운전해야 한다. 언더커버란 위장하고 숨어서 감시한다는 의미다. 일상복을 입은 경찰이 일반 자동차를 타고 순찰하거나 카메라를 들고 숨어 있다가 교통 위반 차를 적발한다. 캐나다 도로에서는 언제 어디서 언더커버 경찰이 나타날지 모른다. 학교 앞 도로에 차가 없다고 속도를 냈다가는 큰코다치기 십상이다.

◆ 교통사고 목격자를 찾습니다 ◆

한국이든 캐나다든 장소를 불문하고 교통사고가 발생하면 뒤처리가 매우 골치 아프다. 더군다나 사람이 다치면 더더욱 그렇다. 그러니 운전할 때는 첫째도 안전, 둘째도 안전, 셋째도 안전이다. 하지만 아무리 조심히 운전한다고 해도 사고는 발생하게 마련이다. 상대방의 실수로, 혹은 조심하다가도 한순간에 의도치 않게 사고는 일어난다. 사고는 아무도 예측할 수 없으니 미리 대처법을 인지하고 있지 않으면 억울한 일을 당할 수 있다.

캐나다에서 사고가 나면 무조건 목격자witness를 찾아 양해를 구하고 이름과 연락처를 받아야 한다. 한국에서는 사고가 나면 사진을 찍고 보험사를 부르지만, 캐나다에서는 사고 책임을 따질 때 사진이나 동영상보다는 목격자의 진술을 가장 우선시하는 까닭이다. 그래서 사고가 나면 바로 차에서 내려 목격자를 찾아야 한다. 그런 뒤 상대편 운전자의 운전면허증을 받아 사진을 찍고 이름과 연락처를 받는다. 만일의 사태에 대비하여 사고 현장 사진을 찍어두는 것도 필요하다. 그런 다음에 가입한 보험 회사에 전화하여 사고를 보고한다. 보통 보험사로 전화하면 통역사가 있어 3자 통화를 하며 통역해주니, 영어로 의사소통이 어려우면 한국어 통역사가 필요하다고 말하자. 사고를 보고할 때 목격자 이름과 연락처를 주면 된다.

절대 잊지 말자. 사고가 나면 반드시 주변의 목격자를 찾아 이름과 연락처를 받아야 한다!

◆ 운전 중 핸드폰 NO! 물 NO! ◆

우리가 캐나다에 있는 동안 밴쿠버가 속해 있는 BC주에서는 주의분산운전Distracted Driving에 대한 보다 강력한 법규를 만들어 실행시켰다. 운전 중에 운전에 방해되는 행동은 어떤 것도 허용하지 않겠다는 법이다. 핸드폰 사용은 물론이고 핸드폰을 쳐다보는 것도 안 된다. 캐나다인 친구들에게 들은 바로는, 핸드폰을 만지거나 보지 않고 조수석에 두는 것만으로도 교통 위반 딱지를 받았다고 한다. 운전 중에는 무조건 핸드폰을 가방에 넣어두어야 한다. 어떤 사람은 가방에 두는 것도 불안해 트렁크에 넣어둔다고 했다. 핸드폰을 내비게이션으로 사용할 경우에는 거치대에 핸드폰을 고정해두어야 한다. 빨간 신호등에 걸려 멈춰 섰을 때에도 절대 화면을 건드려서는 안 된다. 핸드폰을 만져야 할 경우가 생기면 반드시 차를 갓길에 세우고 조작해야 한다.

운전에 방해되는 행동에는 운전 중 차를 마시거나 음식을 먹는 행위도 포함된다. 운전 중에는 물도 마시면 안 된다는 얘기다. 빨간불에 걸려 차를 세웠을 경우에도 운전 방해 행동으로 간주되는 일은 하지 않는 것이 좋다.

한국은 단속카메라로 과속을 감시하지만, 캐나다는 모든 교통법규 위반을 언더커버 경찰이 단속한다. 나도 한국으로 돌아오기 며칠 전에 언더커버 경찰에게 된통 걸렸다. 캐나다에서 내게 일어난 일 중 가장 큰 사건이었다. 그날 차를 몰고 집으로 돌아가다가 갑자기 '잠깐 볼일 좀 보고 가야겠다'는 생각이 들었다. 마침 빨간불에 걸렸기에 차를 세우면서 길을 검색하려고 핸드폰을 터치했다. 그 순간 내 차 옆에 나란히 정차해 있던 운전자와 눈이 딱 마주쳤다. 운전자는 기다렸다는 듯 사이렌을 켜면서 경찰로 변신했다. 내가 핸드폰을 건드릴 때 하필 경찰차와 나란히 정차할 게 뭐람.

경찰은 온 동네가 쩌렁쩌렁 울리도록 확성기에 대고 "Pull over, pull over!(길 한쪽으로 차를 세우시오!)" 소리를 쳤다. 나는 그렇게 '운전 중에 핸드폰을 사용했다'는 어마어마한 죄목으로 경찰에게 잡혔다. 내가 법규를 어겼기 때문에 억울하지는 않았지만 순간 얼마나 무서웠는지 모른다. '운전 중 핸드폰 사용'에 대한 범칙금은 50만 원 정도였는데, 이후 핸드폰 사용으로 받은 벌점에 대한 범칙금을 또 내야 해서 백만 원 가까이 벌금을 냈다. 순간의 방심으로 백만 원을 날리다니, 지금 생각해도 너무 속상하다.

교통법규 위반과 교통사고는 여러 가지 번거로운 상황을 만든다. 상당한 액수를 지출해야 함은 물론이고, 경찰과 영어로 대응해야 하는 상황이 발생한다. 당황하면 평소에 잘하던 영어도 더듬대게 되니 첫째도 둘째도 셋째도 '안전 운전'임을 명심하자. 안전 운전이야말로 캐나다에 있는 동안 별탈없이 지낼 수 있는 최선임을 잊지 말자.

외국인의 캐나다 신분증 '운전면허증' 만들기

캐나다에서 세 달 넘게 살지 않는다면 굳이 캐나다 운전면허증을 발급받지 않아도 된다. 국제운전면허증으로도 3개월 동안 운전할 수 있기 때문이다. 세 달 넘게 캐나다에서 지낼 계획이라면 캐나다 운전면허증을 발급받아야 한다. 게다가 운전면허증은 캐나다에 거주하는 동안 신분증으로 사용되기 때문에 꼭 필요하다. 캐나다 운전면허증을 발급받겠다고 다시 시험을 치를 필요는 없다. 자신이 살고 있는 주, 예를 들어 밴쿠버가 속한 BC주는 자동차보험 관련 업무를 하는 ICBC에 가서 한국의 운전면허증을 캐나다 운전면허증으로 교환하면 된다.

운전면허증을 교환하러 갈 때 알아둘 내용을 정리했다. BC주의 방식이니 혹시 다른 주에 거주할 계획이라면 인터넷에서 해당 내용을 다시 검색해보는 것이 좋겠다.

1. 준비물은 여권, 한국 운전면허증, 한국 운전면허증 번역 공증본, 6개월 이상 기간이 남은 비자, 비용 31달러다.
2. 한국 면허증을 번역 공증 받을 때 살고 있는 곳에서 가까운 한국영사관을 찾아가면 비용이 저렴하다(현금 5.2달러). 일반 공증사무실을 이용하면 약 30달러 정도다.
3. ICBC는 홈페이지(www.icbc.com)에 가면 가까운 사무실의 위치와 필요한 정보 검색이 가능하다. 밴쿠버시에는 ICBC 사무실이 한국영사관 근처에 있다.
4. 캐나다 면허증으로 교환할 때 한국 면허증은 돌려주지 않는다. 한국에 귀국하면 운전면허 시험장으로 가서 다시 한국 운전면허증으로 교환해야 한다.
5. 운전면허증을 교환하러 가면 몇 가지 테스트를 한다. 다음 쪽 질문을 숙지하고, 답을 영어로 준비해서 가자.
6. 테스트를 보고 비용을 지불하면 캐나다 운전면허증이 집으로 배송되는 동안 쓸 노란색 임시 면허증을 준다.

개인정보에 관련된 질문	- How tall are you? What is your weight? (키가 몇입니까? 몸무게는 얼마입니까?) - What is your mother's last name before marriage? (당신 어머니의 결혼 전 성(last name)은 무엇입니까?) - Do you have any medical problem? (당신 건강에 문제는 없습니까?)
시력 테스트	- Which is bigger, smaller, further, or closer? (어느 것이 더 크게, 작게, 멀게, 또는 가깝게 보입니까?) - Is the dot inside of the box or outside of the box? (점이 박스 안에 있습니까? 밖에 있습니까?) - Can you read the numbers in line 1 or 2 or 3 or 4? (1, 2, 3, 4번 줄 중에서 하나를 골라 숫자를 읽어보시겠습니까?) - Which side can you see the flashing light? (어느 쪽에서 깜빡이는 불이 보입니까?)
교통 법규와 관련된 질문	- What must you do when you approach from the front or rear of the school bus that is displaying the alternating flash red light? (스쿨버스가 빨간불을 깜빡이며 정차할 때는 어떻게 해야 합니까?) → 정답 : Must stop. (무조건 서야 한다.) What must you do after the school bus leaves? (스쿨버스가 떠난 뒤에는 어떻게 해야 합니까?) → 정답 : Watch for young students. (어린 학생들을 잘 살펴봐야 한다.) - Why are motorcyclists at a greater risk than other drivers in road traffic? (왜 오토바이 운전자가 다른 운전자에 비해 위험합니까?) → 정답 : No protection. (보호 장비가 없다.) / It is hard to be seen because it is smaller than other vehicles. (다른 차들에 비해 작아서 잘 안 보인다.) - What must you do when you approach a flashing green traffic control signal light? (깜빡이는 녹색 신호에서는 어떻게 해야 합니까?) → 정답 : I should be careful because someone is pressing the button for the walk sign. (누군가 길을 건너려고 녹색불 버튼을 누른 것이므로 조심해야 한다.)

자, 드디어 캐나다 신분증인 운전면허증이 생겼다. 캐나다 운전면허증이 있어 얼마나 편리한지 살다 보면 알 것이다.

아름다운 사회를 위한 캐나다의 '아름다운가게'

많은 사람들이 쇼핑을 좋아한다. 나도 그런 사람 중 하나여서 캐나다 가기 전 한국에 있을 때는 어디를 가든 천 원짜리 하나라도 사고는 했다. 잠시라도 짬이 나면 백화점, 마트, 동대문시장, 인터넷 등으로 쇼핑을 다니는 열정도 불태웠다. 하지만 캐나다에 도착하자마자 생존을 위한 생필품을 사러 다니다 보니 쇼핑에 진절머리가 났다. 쇼핑 품목이 달라서일 수도 있겠지만, 쇼핑이라면 눈을 반짝거렸던 내가 어쩌다가 180도 돌변했는지 나로서도 놀라울 따름이었다. 그때는 정말 이케아, 월마트, 코스트코를 이리저리 뛰어다니며 필요한 물건과 음식을 마구 샀다. 계산을 치르고 나면 부피 큰 짐들을 나르는 게 또 보통 일이 아니었다. 그럴 때마다 아쉬운 남편의 부재. 그래도 낑낑대며 그 크고 무거운 짐들을 차에 싣고, 내리고, 집 안으로 날랐다. 지금 생각해도 스스로 대견할 정도다.

이런 일은 캐나다에 장기 체류할 한국 엄마는 누구나 해내야 하는 일이다. 남편 없이 혼자 아이들을 데리고 와서 꿋꿋이 사는 한국 엄마들을 보면서 캐나다 사람들은 혀를 내두른다고 했다. 아무튼

그때는 쇼핑을 하고 또 해도 필요한 것들이 자꾸 생겼다. 그러다가 친구의 안내로 동네 중고가게에 가게 되었다. 그런데 여기서 눈이 반짝 뜨였다. 쓸 만한 물건들이, 새 제품과 다를 바 없는 물건들이 말도 안 되게 착한 가격표를 붙이고 손님을 기다리고 있었다. 가끔 한국 앤티크 가게에서 비싼 값에 팔릴 것 같은 물건도 눈에 띄었다. 틈만 나면 중고가게에 구경 가서 뭔가 하나씩 집어 오는 재미가 쏠쏠했다. 아, 다시 살아나는 쇼핑 감각!

캐나다는 중고 물품에 대한 거부감이 적어 한국보다 중고 거래가 훨씬 활발하게 이루어지는 것 같다. 동네마다 스리프티스토어Thrifty Store 또는 채러티샵Charity Shop이라 불리는 중고가게들이 한두 군데는 꼭 있다. 거기에는 주방용품을 비롯해 옷, 장신구, 가전 등 없는 게 없다. 가구, 자전거 같은 물건도 운이 좋으면 아주 저렴한 가격에 구입할 수 있다. 말 그대로 보물 창고다. 10월이면 할로윈 의상과 가면들을, 12월이 다가오면 크리스마스용품들을 잔뜩 진열해놓고 상상 이상으로 싼 가격에 판매한다. 지금 당장에라도 캐나다 중고가게로 달려가고픈 심정이다.

필요한 물건이 있으면 중고가게부터 가보자. 시간 날 때마다 구경을 하러 가도 좋다. 어떤 진귀한 물건을 만날지 모르니까 말이다. 한국에 돌아올 때 버리기 아까운 물건들은 동네 중고가게에 기부하자. 중고가게 수익금은 좋은 일에 쓰이고 있으니, 중고가게에서 득템과 기부라는 두 마리 토끼를 잡아보면 어떨까?

◆ 중고 거래 온라인 사이트 ◆

캐나다에 가면 살림살이만 필요한 것이 아니라 아이들 스케이트, 스키, 야구용품, 헬멧 등 방과후 활동에 필요한 다양한 물품을 구매해야 한다. 반면 한국에 올 때는 귀국이사로 짐을 다 부칠 계획이 아니라면 사들였던 물건들을 모두 처분하고 와야 한다. 그래서 외국에서 살아보기 여행을 할 때 사람들은 보통 중고 거래 사이트를 이용해 물건을 사고판다. 내가 살던 곳을 기준으로 유용했던 중고 거래 사이트를 정리해봤다.

한국인과 직거래할 수 있는 중고 사이트

캐나다 밴쿠버를 기준으로 밴조선, 네이버 밴쿠버 관련 카페(헬로!밴쿠버, 마이유학인밴쿠버 등) 이용.

캐나다 현지 중고 사이트

버라지세일(Varage Sale) : 우리나라의 당근마켓과 유사한 앱이다. 스마트폰에서 앱을 다운받고 내가 사는 지역을 설정하면 동네 이웃들과 중고 거래를 할 수 있다. 저렴하게 내놓은 물건이 많아 득템할 수 있다. 이웃과의 직거래라 물건 배송이 편하다.

크레이그리스트(Craigslist) : 집을 구할 때도 이용하지만, 중고 거래로도 매우 유명한 온라인 벼룩시장이다. 밴쿠버 전 지역에서 내가 필요한 물건을 사고팔 수 있다. 동네 거래가 아니라 물건을 주고받을 때 거리상의 불편함이 생길 수 있다. 하지만 내가 찾는 물건이 버라지세일에 없다면 이 사이트를 이용해보자.

내가 사랑한 캐나다 브랜드 '룰루레몬'

'요가복의 샤넬, 룰루레몬Lululemon이에요'란 광고 문구에 피식 웃었던 기억이 난다. 허리 디스크로 고생하던 나는 "운동이 답"이라는 처방을 받고 4년 정도 꾸준히 PTPersonal Training를 받았다. 트레이너가 여자였는데, 그 매끈한 몸매에 매일 예쁜 운동복을 입고 나타났다. 후줄근한 운동복 하나로 버티던 나는 슬슬 트레이너의 매끈한 몸매만큼이나 예쁜 운동복이 탐이 났다. 트레이너의 운동복이 대부분 '룰루레몬' 제품인 것을 알고 검색에 돌입, 직구를 시도하였다. 직구한 룰루레몬 요가바지를 처음 입고 PT 받던 날이 아직도 생각난다. 기쁘고 뿌듯했던 그 기분이란.

그 뒤로는 미국 여행을 갈 때마다 룰루레몬 매장에 들러 할인하는 레깅스나 후디를 사서 모았다. 입어보면 옷감의 쫀쫀함과 편안함이 다른 브랜드와 비할 바가 아니었다. 그런데 룰루레몬이 캐나다 브랜드라니! 캐나다는 제조업 발달이 저조해 유명한 브랜드가 그다지 없다. 캐나다가 내세울 만한 몇 가지 브랜드 중에서 대표적인 것이 룰루레몬이 아닐까 한다. 룰루레몬 레깅스만 하나 입어보아도 내 말을 실감할 것이다. 룰루레몬은 캐나다, 미국뿐만 아니라 한국과 중국 등 아시아의 여러 나라를 강타해 사람들의 마음을 빼앗았다. 그렇게 나도 룰루레몬의 열성팬이 되어서, 캐나다 살아보기를 결정하던 날 제일 먼저 마음먹은 일 중 하나가 '가서 룰루레몬 왕창 사야지'였다.

운이 좋게도 내가 살던 동네의 쇼핑센터 트와슨밀Tsawwassen Mills에 룰루레몬 아울렛이 생겼다. 덕분에 할인제품과 이월제품을 정상가의 30~40% 가격으로 살 수 있었다. 그 가격도 참으로 흐뭇한데 가끔 파격 할인을 할 때가 있는 게 아닌가! 타임세일이라고 해서 오후에 한두 시간 정도 특정 제품들을 균일가로 판매했다. 게다가 7월1일 캐나다데이나 땡스기빙 같은 공휴일에도 특가 세일을 했다. 룰루레몬 옷들을 싸게 사는 날은 돈을 쓰면서도 왠지 돈을 번다는 착각을 하곤 했다. 좋은 물건을 싸게 구입할 때의 기분은 어떠한 말로도 표현하기 힘들다. 결제하면서 느끼는 그 순간의 짜릿함이란!

요즘 레깅스 차림이 정말 많다. 운동복이던 레깅스가 이제는 평상복이 된 듯하다. 그러니 캐나다에 온 이상 캐나다 대표 브랜드 룰루레몬 쇼핑을 한 번쯤 해봐야 하지 않을까?

가족 중심 사회와 가족의 성 (family name)

"캐나다에서 2년을 살면서 한국이랑 캐나다랑 제일 큰 차이점이 뭐라고 느꼈어요?"라고 묻는다면 주저 없이 말할 것이다. '워라밸Work-Life Balance'이라고. 사람 사는 모양새가 어디를 가나 비슷비슷한 듯해도 자세히 들여다보면 다른 구석이 참 많다. 비슷하면서도 다르고, 다르면서도 비슷한 부분들을 찾아내는 게 외국에서 살아보기를 하는 매력인 것 같다.

2년 동안 캐나다 사람들 사는 모습을 지켜보니, 한국과 별반 다르지 않은 듯하면서도 역시나 많이 달랐다. 그중 가장 다른 점이 일과 삶의 균형을 맞추는 일, 즉 워라밸인 것 같다. 요즘 한국도 문화가 많이 바뀌어 워라밸을 중요시하지만, 치열한 경쟁사회다 보니 여전히 일 쪽으로 무게가 더 실린 것 같다.

캐나다 사람들은 철저하게 가족 중심이다. 그렇다고 일을 등한시하는 건 아니지만 확실히 일보다 가족을 더 중요한 가치로 여긴다. 아이들의 축구, 야구, 하키 경기에 온 가족이 함께 응원하고, 학교 행사에도 엄마아빠가 함께 참석하고, 아이와 아이 친구를 위해 부모들은 재능 기부를 아끼지 않는다. 캐나다에 살면서 저절로 미소를 머금게 되는 행복한 가족들의 모습을 많이 목격하였다. 그럴 때마다 매일 밤늦게까지 야근하는 남편이 떠올라 씁쓸했다.

미국과 캐나다는 가족이 모두 같은 성을 쓴다. 한국처럼 엄마와 아이가 성이 다르면 종종 오해를 받는다. '이 아이가 네 아이 맞아?' 하고 의심하는 것이다. 캐나다와 미국 국경을 넘을 때 그런 의심을 자주 받았다. 어떤 엄마는 캐나다 입국 심사대에서도 그런 질문을 받았다고 했다. 그러면서 엄마가 아이를 혼자 데리고 다녀도 된다는 아이 아빠, 즉 남편의 동의서를 요구했다고 한다. 그러니 캐나다로 오기 전에 남편의 사인이 있는 동의서를 한 장 들고 다니는 것이 좋겠다.

귀국 한 달 전쯤 캐나다인 친구들과 송별회 겸 여행을 함께 갔다. 밤에 맥주 한 잔 기울이며 이런저런 이야기를 나누다가 결혼하면서 성이 바뀐 이야기를 하게 되었다. 친구들은 결혼 후에도 자기 성을 그대로 유지하는 한국 문화를 매우 부러워했다. 그리고 요즘 캐나다에서도 결혼 전 성을 미들네임middle name처럼 넣어서 그대로 쓰는 경우도 있다고 알려줬다. 어떤 의미에서건 결혼 여부와 상관없이 내 이름을 그대로 쓴다는 건 큰 축복임을 깨달았다.

엄마 영어 실력 다지기

'학교 다닐 때 영어 공부 좀 열심히 할걸!'

'여태 영어 공부 안 하고 뭐했지?'

아이와 캐나다에 온 엄마들에게 자주 들은 말이다. 허나 아무리 뒤늦은 자책을 해봐도 안 되는 영어가 갑자기 늘진 않는다.

'칩 하나만 장착하면 각자 제 나라말로 이야기해도 바로 통역이 되는 그런 날이 오면 좋겠다.'

온갖 상상을 다 해보지만 그런 날이 내가 캐나다에 있는 동안 오지 않을 거란 사실은 명백하다. 아무리 한국 사람이 많고, 한국 엄마들이 많고, 아시아 사람들이 많아도, 캐나다에서 영어를 한마디도 하지 않고 살 방법은 없다. 학교 선생님, 아이의 친구, 그 친구 엄마들과 의사소통은 영어로 할 수밖에 없다. 마트를 가든 카페에 가든 최소한의 영어로 일상생활을 유지해야 한다.

요즘은 영어를 유창하게 구사하는 부모들이 꽤 있다. 하지만 그들이라고 자신의 영어 실력에 만족할까? 영어를 잘하든 못하든 영어를 더 잘하고 싶다는 갈증은 누구에게나 있다. 아이들과 함께 캐나다에 갔으니, 엄마의 영어 실력도 좀 업그레이드해보면 어떨까? 아이들만 공부하란 법 있나, 엄마도 도전해보자!

◆ 학부모를 위한 ESL 프로그램 ◆

1 | 유료 ESL 프로그램

밴쿠버시에는 한 달에 600~900달러 정도 하는 전문 ESL 학원들이 있다. 대학생 때 어학연수를 다녀온 분들이라면 그때 그 학원들을 생각하면 된다.

대학교의 부설 어학연수 프로그램도 있다. 외국 학생들이 대학 본과에 입학하기에는 영어 실력이 좀 부족할 때 먼저 ESL 수업부터 받는데, 이 과정에 어학연수 프로그램을 듣고 싶은 사람들도 지원해서 다닐 수 있다. 다른 ESL 프로그램보다 수업 수준이 높을 수 있지만 비싸다는 단점이 있다. 자신의 형편을 고려하여 프로그램을 선택하자.

2 | 가성비 좋은 ESL 프로그램

캐나다에는 이민자와 외국인이 많아 무료 또는 저렴한 ESL 프로그램이 곳곳에 있다. 수업 내용이 탄탄한 곳도 적지 않아서 보물찾기 하듯 여기저기 기웃거리다 보면 진짜 보물을 발견할 수도 있다.

내가 살던 동네에서는 규모가 큰 몇몇 교회에서 ESL 프로그램을 운영하고 있었다. 교회 ESL 프로그램은 시스템이 체계적이면서도 비용은 저렴하거나 무료다. 게다가 한국과 중국, 일본 등 아시아 사람들이 많아 친구를 사귀고 정보를 교환하기에도 제격이었다. 단점은 인원수가 많고, 선생님만 원어민이라 원어민과 대화할 기회를 충분히 갖지 못한다는 것이다. 단점을 보완할 수만 있다면 최선의 선택일 수 있다.

3 | 작은 교회 이민자 ESL 프로그램

동네 작은 교회에 가보면 알려지지 않은 소규모 ESL 프로그램들이 있다. 교회에 다니는 이민자들을 위한 것으로, 특히 직업을 가진 이민자들을 위한 생존 영어 프로그램인 경우가 많다. 학생 수가 적어 발런티어로 일하는 원어민 선생님과 많은 대화를 나눌 수가 있다. 루카스의 아빠가 목회 활동을 하는 교회에서도 매주 월요일 저녁 이민자를 위한 ESL 프로그램이 있었다. 누구에게나 오픈된 수업이라, 내가 저녁에 아이들을 봐주면서 동생과 친구가 수업을 들으러 다녔다. 발런티어 선생님이 너무 열심이라 동생과 친구는 아주 만족하며 알차게 수업을 받았다.

숨겨진 보석 같은 무료 ESL 프로그램을 찾아내는 것, 그것이 캐나다에서 알뜰하게 살아가는 꿀팁이 아닐까 싶다.

4 | 도서관 ESL 프로그램

이민자와 외국인을 위한 무료 ESL 프로그램이다. 거의 모든 동네 도서관에서 진행하고 있다. 외국인들의 커뮤니티가 큰 동네에는 도서관 ESL 프로그램 규모도 꽤 크다. 캐나다에 도착해서 아직 친구를 못 사귀었다면, 도서관이나 교회 ESL 프로그램을 찾아가자. 영어도 배우고 친구도 사귈 수 있으니 일석이조다.

◆ 영어 친목 모임 ◆

1 | 캐나다 할머니가 꾸린 영어 회화 모임

환한 미소, 재미있는 몸짓, 밝은 목소리. 여든이 넘은 나이에도 넘치는 열정으로 항상 우리를 반갑게 맞이해주던 마이다Maida 할머니는 내가 한국에 돌아와서도 그리운 사람 중 한 명이다. 학교 선생님으로 은퇴한 뒤 도서관을 비롯한 여러 곳에서 ESL 교사로 활동했던 할머니는 한국 엄마들의 부탁으로 당신 집에서 일주일에 한 번 영어 회화 모임을 주선해주었다. 매주 화요일 오전이면 한국, 일본, 중국 엄마들이 할머니 집에 모여 이런저런 주제로 다국적 수다를 떨었는데, 할머니가 우리한테 정확한 영어 표현은 물론 유익한 책과 영화도 소개해주어 유쾌한 모임을 가질 수 있었다.

캐나다는 은퇴한 노인들을 위한 연금과 복지 제도가 잘 되어 있다. 덕분에 많은 노인들이 타지에 와서 고생하는 사람들을 위해 봉사하는 걸 마다하지 않는다. 주변에 사람 모이는 걸 좋아하는 할머니나 할아버지가 있다면 영어 회화 모임을 부탁해보자. 흔쾌히 도와주실 분을 만날지 모른다. 어떤 ESL 프로그램보다 즐겁고 유익했던 마이다 할머니의 영어 회화 모임. 모임 때마다 할머니가 구워준 빵과 파이들, 할머니의 손때 묻은 골동품이 가득했던 집, 무엇보다 환했던 할머니의 미소, 모든 순간이 너무 그립다.

'다시 캐나다를 가면 꼭 찾아뵈어야지. 그럼 환한 미소로 두 팔 벌려 반갑게 안아주시겠지.'

2 | 교회 성경 공부나 교회 티 모임

앞에서 말했듯이 교회에 가면 많은 사람들이 반갑게 맞이해주고 어려울 때 나서서 도와준다. 교회에서 하는 성경 공부 모임에 나간 적이 있는데, 갈 때마다 직접 구운 빵과 요리한 음식들을 정성스레 담아 대접해주어서 몸 둘 바를 몰랐다. 일주일에 한 번 있는 티 모임에도 나가 동네 할머니들과 즐거운 수다 시간을 가졌다는 친구의 경험도 있다. 꼭 영어 공부를 해야겠다는 강박을 버리면 이런 모임들이 다 영어 실력을 쑥쑥 키워줄 좋은 기회이자 수업일 것이다.

Canada

Travel

우리집 뒷마당에서

뛰어노는 아이들

캐나다 할머니와 영어 회화 모임

가족과 함께 킬로나 여행

funk
fabulou
shoes
funky,
fabulous
shoes
902-212-1513

루넨버그 옛 시가지

오타와
노트르담 대성당

5장

배움을 빛내는 작은 여행

부모님이 물려준 여행 유전자

"엄마, 세상에 재미있는 게 얼마나 많은데 책만 읽으래요?"

아직 책 읽을 준비가 되지 않은 아들. 그 아들에게 더 효과적으로 넓은 세상을 알려줄 방법을 찾아 캐나다로 떠났다. 하지만 숙제와 학원 스트레스가 없는 캐나다 생활에 매달 3~4일의 연휴까지 주어지니 그냥 빈둥거리기에는 시간이 너무 아까웠다. 책 읽기를 좋아하면 그런 시간에 하루 종일 도서관에서 빈둥거려도 참 좋겠건만, 아들은 그럴 마음이 전혀 없어 보였다.

한국에 돌아와서 학교 수업이 끝나면 바로 학원으로 향하는 아들을 보면서, 캐나다에서 더 빈둥거리게 둘걸 후회했다. 그때는 주어진 시간이 너무 아까워 어떻게라도 시간을 잘 활용해야겠다는 강박에 사로잡혀 있었던 것 같다. 그래서 조금만 시간이 허락해도 미친 듯이 여행 계획을 세웠다.

아니 강박은 핑계일 뿐, 어쩌면 내가 미치도록 간절히 이곳저곳 여행하고 싶었던 건지도 모른다. 요즘에는 전문 여행가도 많고, 생계를 접고 1~2년씩 여행하는 젊은이들도 많아서 "저 여행 많이 다녀봤어요. 여행 정말 좋아해요!"라고 호기롭게 말하기가 부끄럽다. 하지만 내 피에도 여행 좋아하는 DNA가 새겨져 있음은 분명하다. 그 DNA를 물려준 우리 부모님 얘기를 잠시 해야겠다.

20년 넘게 일 년에도 몇 번씩 해외여행을 다니는 엄마가 남들보다 조금 더 특별한 건 여행을 여행으로 끝내지 않는 넘치는 열정 때문이다. 대학 때 사진 동아리 활동을 하며 전국 방방곡곡 출사를 다녀본 경험을 시작으로 엄마의 여행과 사진에 대한 열정은 지금까지도 뜨겁다. 북미, 유럽, 아시아 웬만한 나라는 다 돌았고 중미, 남미, 이집트를 다 찍고도 여전히 엄마는 매일 여행을 꿈꾼다. 하지만 해외여행이 금지도 아니고, 먹고살기가 빠듯해 해외여행은 꿈도 못 꾸는 세월도 아닌데 엄마만큼 여행 다녀본 사람이 어디 한둘이겠는가. "그게 뭐가 특별해?" 하고 시큰둥해 할 사람도 있을 것이다. 그렇다면 엄마의 포토북을 보여주고 싶다.

여행 사진을 앨범에 차곡차곡 정리하던 엄마는 이제 포토북을 한권한권 쌓아가고 있다. 처음에는 사진만 정리했던 포토북에 어느 날부터인가 여행을 다니면서 보고 들었던 지식, 돌아와서 공부한 여행 장소의 역사 · 지리 · 문화적 의미가 빼곡히 적혔다. 세상 어디에도 없는 단 한 권의 앨범들. 책으로 배웠다면 벌써 까맣게 잊어버렸을 지식들이 예순이 넘은 평범한 가정주부의 머릿속에 생생히 살아있다. 여행 장소마다 엄마가 풀어놓는 소위 '썰'이란 건 엄청나다. 들어줄 사람이 없어서 다 못 풀 뿐이지.

엄마는 아이들과 캐나다에 간다고 했을 때도 전적으로 지지를 보내주었다.

"살아보니 학교에서 배운 건 다 잊었는데, 내가 여행 다니면서 알게 된 건 기억에 오래 남더라. 나이가 들어서 '이름'은 자꾸 잊

긴 해. 그래도 여행했던 장면, 이야기들은 다 기억이 나. 아이들은 나보다 더 그렇겠지!"

그런데 엄마보다 한술 더 뜬 사람이 있다. 아빠다.

"한 달 동안 혼자 유럽 배낭여행을 좀 가야겠다!"

일흔세 살까지 일을 계속했던 아빠가 드디어 은퇴를 했다. 스무 살부터 가족들 먹여 살리려고 학교 공부와 일을 병행했으니 50년이 넘게 쉬지 않고 일한 셈이다. 아빠는 인생 버킷리스트에 있던 '나 홀로 배낭여행'을 실현할 마음에 배낭여행을 혼자 가야 할 이유를 백 가지쯤 이야기했다. 그에 맞서서 엄마와 우리 자식들은 배낭여행을 혼자서 가면 안 될 이유를 백 가지 들었다.

"아빠가 건강하신 것도 알고, 누구보다 문제해결력도 뛰어나신 거 잘 알아요. 하지만 영어가 안 되잖아요!"

"3년 동안 2,500개 영어 문장을 완벽하게 외웠다. 뭐든 물어봐라! 다 영어로 말할 수 있다!"

'허걱!'

이미 배낭여행 준비를 마친 아빠. 좋은 패키지 상품도, 개인 여행가이드도 모두 마다하고 굳이 혼자 가고 싶다는 데는 다 이유가 있었을 거다. 아빠의 결정과 행동력에 우리는 더 반대할 수 없었다. 그렇게 아빠는 한 달 동안 유럽 6개국을 여행했다. 무거운 배낭을 어깨에 짊어지고 말이다!

아빠는 정말 재밌게, 건강하게, 부지런하게, 운 좋게, 보고 싶고 가고 싶은 곳을 모두 돌아다녔다고 했다. 여행지에서 본 아름다운 자연과 도시도 일흔이 넘은 나이에 혼자 배낭여행을 해냈다는 '성취감' 앞에서는 아무것도 아니었을 것이다. 그 뒤로 아빠의 모든 대화는 유럽여행 모험담으로 끝이 난다. 도대체 아빠 친구분들은 유럽 여행 이야기를 얼마나 더 들어야 할까?

이런 DNA를 물려받았으니 내가 여행에 목말라 하는 건 어쩌면 당연한 일이다. 하지만 나 같은 사람이 어디 나뿐이랴!

세상의 많은 사람들이 여행을 꿈꾼다. 가보지 못한 미지의 세계에 대한 궁금증도 있겠지만, 바쁘고 답답한 일상에서 탈출하고 싶은 본능이 '여행'에 대한 욕구를 부추기는 게 아닐지.

김영하 작가의 《여행의 이유》란 책에 보면 어느 철학자는 인간을 호모 비아토르Homo Viator, 여행하는 인간으로 정의한다고 했다. 그때 알았다. 내 피에 있는 여행 좋아하는 유전자는 인간 누구에게 있다는 것을.

2년간의 캐나다살이는 내가 여행 본능에 충실할 수 있는 최적의 환경이었다. 단조로운 생활, 여유로운 시간에다가 평소 쉽사리 엄두 내기 힘든 유명 나라와 도시가 지척에 있었으니 말이다. 아이들에게 자연의 위대함과 세상의 다양함을 보여주겠다는 거대한 목표 아래 여행에 대한 엄마의 목마름이 감추어져 있었다는 건 이제야 털어놓는 고백이다.

한 번 갈 비용으로 두 번 여행 가기

많은 사람들이 여행을 꿈꾼다. 하지만 여행 갈 시간을 내는 일부터 녹록지 않다. 어렵게 시간을 냈다고 해도, 건강도 받쳐줘야 하고 같이 여행할 파트너도 고민된다. 하지만 무엇보다 가장 큰 걸림돌은 '경비'다. 아무리 아낀다 하더라도 집을 나서면 돈이 줄줄 샌다. 항공권, 숙박비, 식대 등 기본 경비만 한두 가지가 아니다. 아무리 마음이 간절하다 한들, 여행은 돈 없으면 불가능한 것이다. 그래서 여행을 계획할 때는 지출 가능한 예산부터 정해야 한다.

나는 시간적 여유가 있을 때 최대한 여행을 많이 다니고 싶었다. 한국에 돌아갔다가 미국의 라스베이거스와 옐로스톤을 보러 다시 올 수 있을까? 캐나다에 온 김에 가지 않는 한 시간과 돈은 몇 배로 들 터였다. 작정하고 그동안 가보고 싶었던 캐나다와 미국의 도시를 추린 뒤 여름방학, 단기 방학, 매달 있는 연휴에 적절하게 여행을 배치했다. 문제는 돈이었다. 2년 동안 가야 할 곳은 노트 한 장을 빼곡히 채우고도 넘쳤다. 거리가 먼 곳은 그만큼 경비도 많이 들겠지만 포기할 수 없었다. 언제 다시 이런 기회가 오겠는가. 뜻이 있으면 길이 생길 거라 믿었다. 내가 할 수 있는 건 여행 경비 줄이기, 생활비 아끼기, 그리고 비상금 잘 활용하기 정도였다.

개인마다 주머니 사정도 다르고 여행 스타일도 달라서 어떤 것이 정답이라고 말할 수는 없다. 누구는 최대한 아껴가며 여행하기를 원하고, 누구는 돈에 구애받지 않고 여유롭게 여행하기를 바란다. 결국 저마다 주어진 상황에 맞게 여행하는 길밖에 없다.

돌이켜보면 후회되는 여행은 단 한 번도 없었다. 힘들면 힘든 대로, 즐거우면 즐거운 대로, 자연이 아름다우면 아름다운 대로 모든 순간이 기억에 남았다. 아이들도 그렇다고 했다. 한국에 돌아와 아들과 함께 여행 사진을 보며 추억을 소환하는 재미가 꽤나 쏠쏠하다. 행복이 이런 거구나 싶다. 그러니 주머니 사정이 여의치 않더라도 경비를 아껴 쓰며 되도록 많이 여행 다니길 바란다. 한 번 경비로 두 번 여행할 방법도 찾으면 있으니까. 그런 의미에서 여행 경비 절약 팁을 몇 가지 적어보았다.

1 | 여행 친구 만들기

차를 한 대 빌리더라도 두 가족이 나눠 내면 경비가 반으로 줄어든다. 호텔 숙박비도 두 가족이 함께 투숙하면 경비가 반이다. 차 한 대, 호텔 방 하나 또는 에어비앤비 집 한 채를 공유할 수 있는 여행 가족을 만들어라.

2 | 미국 여행은 미국 공항을 이용한다

캐나다에서 미국 국경을 넘는 일은 어렵지 않다. 나도 미국 샌프란시스코나 라스베이거스, 옐로스톤으로 여행 갈 때 밴쿠버 공항으로 가지 않고 가까운 미국 공항을 이용했다. 밴쿠버-미국은 국제선이지만, 미국-미국은 국내선이라 비행기 요금이 훨씬 싸다. 내가 살던 곳에서 미국 벨링햄Bellingham 공항까지는 40분, 시애틀 공항까지는 2시간 30분이 걸렸다. 공항 근처 장기 주차장에 차를 맡기고 비행기를 이용하면 비용을 절약할 수 있다.

3 | 숙소는 단짠 법칙으로

2주 정도 긴 여행을 떠나면 숙박비가 만만치 않다. 여행 계획을 미리 세워 일찍 숙소를 예약하면 약간 저렴한 가격으로 좋은 위치의 숙소를 예약할 수 있다. 물론 성수기를 피하는 것도 방법이다. 하지만 어쩔 수 없이 방학과 연휴에 움직여야 할 때면 나는 단짠 법칙을 사용했다. 아이들과 함께하는 여행이라 너무 허름한 모텔이나 도미토리 형태의 숙소는 이용할 수 없었지만, 그래도 좋은 숙소와 저렴한 숙소를 번갈아 이용했다. 아이들이 숙소가 안 좋다고 불평하면 다음 숙소에 대한 기대감을 불러일으켜 주었다.

숙소의 단짠 법칙은 아이들에게 꽤 잘 먹혔다. 숙소가 조금 누추해도 다음 날 숙소가 좋을 거란 기대는 하룻밤을 충분히 견딜힘을 주었다. 라스베이거스와 그랜드서클, 피닉스와 세도나를 여행할 때도 단짠 법칙에 따라 여행의 처음과 마지막을 라스베이거스의 워터파크가 부럽지 않은 호텔에서 며칠 묵었더니, 그랜드캐니언과 국립공원에서의 힘들었던 기억은 까맣게 잊고 "이번 여행이 최고"라고 외쳤던 경험도 있다. 나는 호텔스닷컴 같은 호텔 예약 사이트를 이용해서 10박마다 1박의 리워드를 받았다. 그리고 인원이 네 명을 넘으면 에어비앤비로 숙박했다. 에어비앤비는 슈퍼호스트로 등록이 되어 있거나 리뷰가 좋은 집을 이용했다. 사진보다 실제 집의 상태가 크게 못 미치는 경우가 종종 있어서다.

4 | 간단한 취사도구는 필수품

캐나다의 공원에서는 웬만하면 취사가 가능해 바비큐 파티를 하는 가족이 많다. 우리는 바비큐 그릴을 가지고 다닐 형편은 아니고 가스버너와 프라이팬 같은 간단한 취사도구를 항상 차에 싣고 다녔다. 마트에서 햇반, 라면, 김치, 고기만 사면 한 끼 식사를 훌륭히 해결할 수 있었다.

여행 다니다 보면 식당 찾아가서 주문하고 기다리고 먹고 하는 시간들이 은근히 아까울 때가 있다. 더군다나 캐나다나 미국은 세금과 팁(음식 값의 약 15% 정도)을 꼭 지불해야 해서 식사비 부담이 큰 편이다. 간단한 취사도구를 가지고 다니면서 공원 피크닉 테이블에서 식사하면 소풍 나온 기분도 들고 식사비도 줄일 수 있다.

캐나다 공휴일과 방학

캐나다 학교의 학사 일정을 미리 파악하면 여행 계획을 잡기가 수월하다. 급하게 여행 계획을 세우면 여러모로 불편한 일이 많다. 캐나다는 세계적인 여행지다. 나이아가라 폭포, 로키 산맥, 퀘벡, 휘슬러 같은 관광명소가 한두 군데가 아니다. 성수기에는 어느 곳이든 예약이 쉽지 않다. 항공권과 숙박비도 가격이 오르고 심지어 예약이 안 되는 경우도 흔하다. 캐나다의 공휴일과 학교 휴업일을 미리 확인한 뒤, 내 재정 형편에 맞게 가고 싶은 여행지를 배치해 계획을 세우자.

프로디데이

BC주에는 '프로디데이[Pro D-day]'라고 한 달에 한 번 정도 학교가 쉬는 날이 있다. 프로디데이는 'Professional Development day'의 약자로, 교사가 학교 행사와 활동, 수업 준비를 하는 날이다. 학교마다 1년에 일곱 번 정도의 프로디데이가 있는데, 학생들은 등교하지 않아도 교사는 출근하거나 연수를 받는다. 프로디데이는 보통 연휴나 주말 앞뒤로 붙는 경우가 많아서 매달 '금토일'이나 '토일월' 이렇게 연휴가 생긴다. 집에서 가까운 여행지는 이때를 이용하면 좋다.

캐나다 공휴일

주마다 다르니 살고 있는 주의 공휴일을 꼭 확인하자.

공휴일	지정된 날짜	준수
New Year's Day	1월 1일	전 지역
Family Day	2월 셋째 월요일 (밴쿠버는 둘째 주)	BC, AB, SK, ON, NB
Good Friday	부활 주일 전 금요일	QC를 제외한 전 지역
Victoria Day	5월 25일 직전 월요일	NB, NS, PE, NL를 제외한 전 지역

Canada Day	7월 1일	전 지역
Civic Holiday	8월 첫째 월요일	BC, AB, SK, ON, NB, NU
Labour Day (노동자의 날)	9월 첫째 금요일	전 지역
Thanksgiving Day	10월 둘째 월요일	NB, NS, PE, NL를 제외한 전 지역
Remembrance Day (현충일)	11월 11일	ON, QC, NS, NL를 제외한 전 지역
Christmas Day	12월 25일	전 지역

AB : 앨버타주 NS : 노바스코샤주 PE : 프린스에드워드아일랜드주
NB : 뉴브런즈윅주 NU : 누바부트주 QC : 퀘벡주
NL : 뉴펀들랜드래브라도주 ON : 온타리오주 SK : 서스캐처원주

캐나다의 방학

여름방학 : 6월 마지막 주에 방학이 시작되고 9월 첫째 주에 새 학년을 시작한다.

겨울방학 : 크리스마스가 있는 12월 마지막 주부터 1월 첫째 주까지가 크리스마스 휴가 겸 겨울방학이다.

봄방학(spring break) : 주로 3월의 마지막 두 주가 봄방학이다.

보통 여름방학과 겨울방학(크리스마스 휴가), 봄방학이 장거리 여행하기에 좋은 기간이다. 길고 여유 있는 여행을 원한다면 이 기간에 맞추어 계획을 짜보자.

추천 여행 코스

연휴마다 여행을 다닌 것은 아니다. 날씨도 고려해야 하고 재정적 형편도 살펴야 하니 집에서 여유 있게 휴식을 즐긴다거나 당일로 가까운 곳을 다녀오기도 했다.

밴쿠버 근교의 알려지지 않은 여행지부터 미국의 그랜드캐니언, 옐로스톤 같은 유명 관광지까지 최대한 많은 곳을 가보려고 애썼다. 매번 어떻게 가면 가장 알뜰하면서도 알찬 여행이 될지 고심고심하며 경로를 짰다. 내가 다녀온 여행지와 경로가 모두 최고는 아니었지만 그래도 누군가에게 추천해도 충분할 만큼 만족스러운 여행도 많았다.

동생네와 함께 샌프란시스코, 나파밸리, 요세미티 국립공원, LA를 여행하고 온 어느 날 〈배틀트립〉이란 TV프로그램을 보게 되었다. 그런데 우리가 다닌 코스랑 거의 비슷했다. 나름 여행 전문가가 짜서 방송을 찍었을 텐데, 나의 여행 설계가 그리 형편없는 건 아니었나 보다.

아무튼 2년 동안 아이들과 함께 다녔던 여행 중에서 몇 가지 코스를 추천할 테니 참고하면 좋겠다.

코스 1 : 빅토리아, 올림픽 국립공원, 시애틀

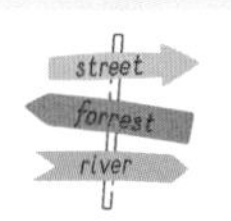

소요 기간 5박 6일

이동 수단 자동차, 페리

추천 경로 밴쿠버 트와슨Tsawwassen - 빅토리아Victoria(2박, 페리로 이동) - 미국 포트앤젤레스Port Angeles(페리로 이동) - 올림픽 국립공원Olympic National Park(2박) - 폴스보Poulsbo - 베인브리지아일랜드Bainbridge Island - 시애틀Seattle(1박, 페리로 이동) - 밴쿠버

참 고 페리에 차를 실을 수 있어 자가용을 이용했다. 경로를 반대로 잡아도 되고, 날씨와 상황에 맞게 여행 코스를 조정해도 된다. 시애틀이 첫 방문이라면 숙박 일수를 늘려도 좋다.

페리 이용 및 예약

밴쿠버에서 페리를 이용하려면 트와슨 페리 터미널로 가야 한다. 조지아Georgia 해협을 건너 밴쿠버 섬의 스와츠베이Swartz Bay에 들어가면 육로로 섬 곳곳의 관광지를 갈 수 있다. 페리를 타고 미국으로 건너갈 때는 여권과 종이 비자가 꼭 필요하다.

밴쿠버에서 페리를 이용할 때가 주말이나 연휴라면 반드시 페리 예약을 하자. 예약을 하지 않았다가 낭패를 볼 수도 있다. 페리 예약은 홈페이지(www.bcferries.com)에서 할 수 있다.

코스 2 : 킬로나, 오카나간, 오소유스

소요 기간 3박 4일

이동 수단 자동차

추천 경로 밴쿠버 - 킬로나Kelowna(2박) - 오소유스Osoyoos(1박) - 밴쿠버

참 고 계절에 따라 다양한 액티비티를 즐길 수 있다. 하고 싶은 액티비티에 따라 숙박 일수를 조정한다.

킬로나에서 할 수 있는 추천 액티비티

- 와이너리 탐방(와이너리 안에 있는 레스토랑에서 식사하기)
- 계절에 맞는 과일 유픽
- 워터 트램펄린 등 다양한 수상 스포츠
- 호수에서 즐기는 수영과 바비큐 파티
- 마이러캐니언 어드벤처파크Myra Canyon Adventure Park와 짚라인
- 서머랜드Summerland에서 캐틀밸리Kettle Valley 증기 기차 타기
- 펜틱턴Penticton의 리버튜빙River Tubing
- 오소유스 문화 탐방 : 엔크밉사막 문화센터Nk'Mip Desert Cultural Centre(캐나다 원주민 박물관), 점박이 호수Spotted Lake, 사막 모형기차Desert Model Railroad 전시관 등

코스 3 : 포틀랜드, 캐넌비치

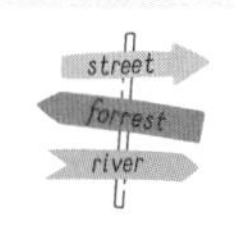

소요 기간 3박 4일

이동 수단 자동차

추천 경로 밴쿠버 - 포틀랜드Portland(2박) - 틸라무크Tillamook 치즈 공장 - 룩아웃 곶Cape Lookout - 캐넌비치Cannon Beach(1박) - 피터아이어데일 난파선Wreck of the Peter Iredale - 아스토리아Astoria - 밴쿠버

참 고 포틀랜드는 요즘 미국에서 가장 힙한 도시로 부상하고 있다. 오리건Oregon주는 판매 세금이 없어 쇼핑의 천국이다. 미국 태평양 연안의 101번 도로는 미국에서 가장 아름다운 고속도로 중 하나로 손꼽힌다. 포틀랜드에서 캐넌비치로 가는 길에 유명한 '틸라무크 치즈 공장'을 들를 수 있다. 해변에서는 난파한 피터아이어데일호의 잔해를 볼 수 있다.

코스 4 : 밴쿠버에서 샌디에이고까지 로드 트립

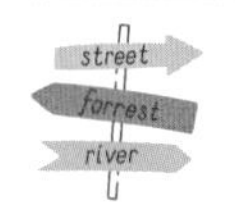

소요 기간 12박 13일

이동 수단 자동차

추천 경로 밴쿠버 - 레딩Redding(1박) - 샌프란시스코San Francisco(1박) - LA 유니버설스튜디오(2박) - 샌디에이고San Diego(2박) - LA(3박) - 샌프란시스코(2박) - 시애틀(1박) - 밴쿠버

참 고 하루에 4~5시간씩 쪼개서 운전하면 장거리 자동차 여행이 그리 어렵지 않다. 다만 우리 아이들은 오랫동안 차를 타도 힘들어하지 않았다. 샌프란시스코에서 LA로 넘어갈 때 시간 여유

가 없어 1번 국도를 타지 못했는데, 여유가 있다면 1번 도로를 달리면서 미서부 해안의 아름다운 절경을 감상하기를 꼭 권한다. 중간에 하룻밤 더 숙박하는 것도 추천한다.

코스 5 : 샌프란시스코, 나파밸리, 요세미티 국립공원, LA

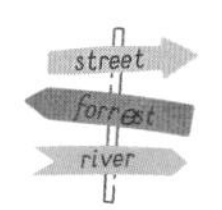

소요 기간 7박 8일

이동 수단 비행기, 렌터카

추천 경로 밴쿠버 - 샌프란시스코(1박) - 나파밸리Napa Vally(1박) - 요세미티 국립공원Yosemite National Park(3박) - LA(2박) - 밴쿠버

참 고 와인 애호가가 아니더라도 나파밸리의 유명한 와이너리 탐방은 한번 해볼 만하다. 요세미티 국립공원의 숙소는 서두르지 않으면 예약하기 어렵다. 숙소를 잡지 못하면 캠핑할 수도 있다. 캠핑장비가 있다면 캠핑에 도전해보자. 요세미티에서 LA로 갈 때 395번 도로를 타고 테나야 호수Tenaya Lake와 투올러미 초원Tuolumne Meadow를 지났는데 비현실적이면서 몽환적인 그 풍경을 잊을 수가 없다.

코스 6 : 라스베이거스, 피닉스, 세도나, 그랜드서클

소요기간 13박 14일

이동수단 비행기, 렌터카

추천경로 밴쿠버 - 시애틀 - 라스베이거스Las Vegas(2박) - 그랜드캐니언Grand Canyon 국립공원(2박) - 윌리엄스Williams - 피닉스Phoenix(3박) - 세도나Sedona(1박) - 페이지Page(1박) - 브라이스캐니언Bryce Canyon 국립공원(1박) - 라스베이거스(2박) - 시애틀(1박) - 밴쿠버

참　고 아들이 봄방학에 피닉스에서 열리는 야구 챔피언십에 참여하게 되어 라스베이거스, 그랜드서클Grand Circle, 세도나, 앤텔로프캐니언Antelope Canyon 등 미국 남서부 일주를 계획하였다. 페이지에 있는 앤텔로프캐니언은 요즘 인기가 높아 서두르지 않으면 예약하기 어렵다. 그랜드캐니언, 브라이스캐니언 안에 있는 로지lodge도 일찍 예약하지 않으면 자리가 없다. 캐니언을 돌아보기에는 공원 안에 있는 로지가 훨씬 편리하니 가능하면 미리 예약하자.

앤텔로프캐니언 투어 예약 사이트

앤텔로프캐니언은 어퍼Upper와 로어Lower로 나뉘어 각각 2~4개의 여행사가 투어를 진행하고 있다. 인디언 보호구역이라서 인디언 가이드의 안내를 받아야 한다. 어느 여행사 투어에 참여해도 다 비슷하니, 가고자 하는 날짜에 투어가 가능한 여행사를 선택하면 된다.

- Upper Antelope Canyon

여행사	예약사이트
Adventurous Antelope Canyon Photo Tours	https://www.navajoantelopecanyon.com/
Antelope Canyon Navajo Tours	https://navajotours.com/
Antelope Canyon Tours	https://www.antelopecanyon.com/
Antelope Slot Canyon Tours	https://antelopeslotcanyon.com/

- Lower Antelope Canyon

여행사	예약사이트
Ken's Tours	https://lowerantelope.com/
Dixie Ellis Lower Antelope Canyon Tours	https://antelopelowercanyon.com/

코스 7 : 밴쿠버 섬 투어

소요 기간　4박 5일

이동 수단　페리, 자동차

추천 경로　밴쿠버 - 빅토리아(1박) - 슈메이너스Chemainus - 너나이모Nanaimo(1박) - 팍스빌Parksville(1박) - 퀄리컴Qualicum - 쿰스Coombs - 토피노Tofino(1박) - 밴쿠버

참　고　밴쿠버 섬은 아름다운 장소가 많다. 연휴가 생기면 가서 여유 있게 호수 수영이나 수상 스포츠를 즐기자. 밴쿠버 섬으로 여행할 기회가 한 번뿐이라면 위와 같은 일정을 추천한다. 하지만 기회가 여러 번 있다면 빅토리아, 너나이모, 토피노 등으로 나누어 좀 더 길게 여행을 즐겨도 좋다. 밴쿠버 섬에서 나올 때는 너나이모의 듀크 터미널을 이용했다.

코스 8 : 휘슬러, 선샤인코스트

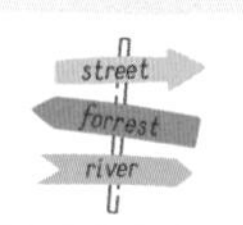

소요 기간 4박 5일

이동 수단 자동차, 페리

추천 경로 밴쿠버 - 휘슬러Whistler(2박) - 선샤인코스트Sunshine Coast(2박) - 밴쿠버

참 고 휘슬러에서 2박 하는 동안 하루는 조프리레이크에 하이킹을 다녀오고, 하루는 휘슬러에서 짚라인, 호수 수영, 자전거를 즐길 수 있다. 밴쿠버로 내려오는 길에 호스슈베이Horseshoe Bay 페리 터미널에서 랭데일Langdale 페리 터미널로 가면 101번 도로를 따라 선샤인코스트 해안의 절경을 감상할 수 있다. 나는 깁슨 포구부터 얼스코브까지 해안을 따라 있는 로어 선샤인코스트만 갔는데, 얼스코브에서 다시 페리를 타고 살터리베이, 파웰리버Powell River 등의 어퍼 선샤인코스트도 멋있다고 하니 시간 여유가 되면 여행해보자.

코스 9 : 로키 산맥, 캘거리, 킬로나

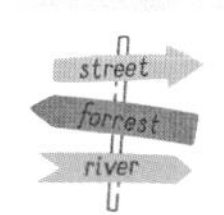

소요 기간 9박 10일

이동 수단 자동차

추천 경로 밴쿠버 - 발레마운트Valemount(1박) - 멀린레이크Maligne Lake - 재스퍼Jasper(1박) - 밴프Banff(3박) - 캘거리Calgary(2박) -레벨스톡Revelstoke(1박) - 킬로나(1박) - 밴쿠버

참 고 캐나다 로키 산맥을 원 없이 여행하고 싶어 9박10일의 일정으로 네 번째 로키 산맥 여행을 계획하였다. 밴프에서 캘거리까지 1시간 30분 정도 소요되므로 캘거리와 공룡 화석으로 유명한 드럼헬러Drumheller 지역까지 여행했다. 여행 상품에는 보통 빠져 있지만 절대 놓쳐서는 안 되는 멀린레이크의 스피릿 섬Spirit island에 방문해보자. 스피릿 섬에 가려면 크루즈를 타야 하니 홈페이지에서 꼭 예약하고 가자. 미리 예약하면 10% 할인도 받을 수 있다.(www.banffjaspercollection.com/attractions/maligne-lake-cruise) 7월 초에 열리는 캘거리의 스탬피드Stampede 축제는 캐나다의 큰 축제 중 하나인데, 내가 본 여러 축제 중 가장 훌륭했다. 7월 초에 로키 산맥을 여행한다면 꼭 참석해보자.

코스 10 : 캐나다 동부 여행
- 나이아가라 폭포, 토론토, 오타와, 몬트리올, 퀘벡, 핼리팩스, 프린스에드워드 섬 등

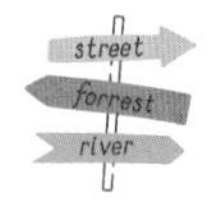

소요기간 12박 13일

이동수단 비행기, 렌터카

추천경로 밴쿠버 - 토론토 공항(렌터카) - 나이아가라 폭포(그레이트 울프 로지 1박) - 토론토[Toronto](2박) - 천섬[Thousand Islands] - 오타와[Ottawa](1박) - 몬트리올[Montreal](1박) - 퀘벡[Quebec](2박) - 타두삭[Tadoussac] - 프레더릭턴[Fredericton](1박) - 핼리팩스[Halifax](2박, 루넌버그[Lunenburg], 마혼베이[Mahone Bay], 페기스코브[Peggys Cove]) - 프린스에드워드[Prince Edward] 섬(2박, 렌터카 반납) - 밴쿠버

참　고 비행기는 '밴쿠버 - 토론토, 샬럿타운[Charlottetown](프린스에드워드 섬) - 밴쿠버' 경로를 이용했다. 토론토 공항에서 렌터카를 픽업해 샬럿타운 공항에서 반납하도록 예약했다. 다른 지역에서 반납하면 추가 비용을 지불해야 하지만, 렌터카를 토론토까지 가져오는 수고로움 대신 비용을 지불하기로 했다. 밴쿠버로 돌아오는 비행기를 핼리팩스에서 타도 좋다. 그러려면 프린스에드워드 섬과 핼리팩스의 일정을 서로 바꾸면 된다. 어디서 출발하는 비행기가 더 저렴한지 검색해보자. 루넌버그는 유네스코에 세계 문화유산으로 등재되어 있다. 프린스에드워드 섬은 소설 《빨강머리 앤》의 배경이 된 곳으로 작가인 루시 몽고메리의 고향이다. 페기스코브의 빨간 등대는 캐나다를 대표하는 이미지로 많이 쓰인다.

코스 11 : 걸프아일랜즈

소요 기간 4박 5일

이동 수단 자동차, 페리

추천 경로 밴쿠버 - 갈리아노Galiano 섬(1박) - 솔트스프링Saltspring 섬(1박) - 코위찬레이크Cowichan Lake(2박) - 밴쿠버

참 고 밴쿠버와 밴쿠버 섬 사이에 있는 섬들을 '걸프아일랜즈Gulf Islands'라고 한다. 걸프아일랜즈에 있는 갈리아노 섬과 솔트스프링 섬을 구경하고 밴쿠버 섬으로 넘어갔다. 이동 경로는 다음과 같다. 밴쿠버 트와슨 페리 터미널 – 갈리아노 섬 스터디스베이 페리 터미널 - 솔트스프링 섬 롱하버 페리 터미널 - 밴쿠버 섬 크로프턴 페리 터미널. 나는 코위찬레이크에 있는 친구네 별장에서 수상 스포츠를 즐기며 여유로운 시간을 보냈다. 이 경로로 여행을 계획하는 분이라면 밴쿠버 섬에 들어가 원하는 곳을 여행하면 될 것이다.

코스 12 : 옐로스톤 국립공원, 그랜드티턴 국립공원

소요기간 4박 5일

이동수단 비행기, 렌터카

추천경로 밴쿠버 - 시애틀 공항 - 보즈먼 공항(렌터카) - 옐로스톤 국립공원(3박) - 그랜드티턴Grand Teton 국립공원 - 잭슨Jackson(1박) - 보즈먼 공항(렌터카 반납) - 시애틀 공항 - 밴쿠버

참 고 여행을 급하게 계획해서 옐로스톤 국립공원의 서쪽 입구에서 30분 정도 떨어진 곳에 숙소를 잡았다. 생각만큼 불편하지는 않았지만, 가능하면 여유 있게 예약하여 공원 안에 숙소를 잡는 것이 여러모로 편하다. 옐로스톤 남쪽에 위치한 그랜드티턴 국립공원에서 또 하나의 절경을 만날 수 있다. 그랜드티턴 국립공원 아래쪽으로 내려가면 '잭슨'이라는 작고 아담한 마을을 만나게 된다. 여기서 하루이틀 묵으면서 아기자기한 잭슨 마을을 체험하자.

코스 13 : 오로라 체험 여행
- 옐로나이프(Yellowknife)나 화이트호스(Whitehorse)

세상에 제일 싫거나 힘든 일이 무엇이냐고 물으면 나는 항상 "아침 일찍 일어나는 것과 추위를 견디는 것"이라고 답한다. 그래서 '캐나다에 왔으니 오로라를 보러 가야지' 마음먹으면서도 견뎌야 할 추위 걱정에 차마 용기를 내지 못했다. 차일피일 여행을 미루는 동안 2년이란 시간은 훌쩍 지나가고 말았다.

캐나다에 있으면서 오로라를 보러 다녀온 가족을 몇 팀 만났는데 여행에 대한 호불호가 극명히 갈렸다. 누군가는 운이 좋아 정말 멋진 오로라를 보고 왔다며 감탄사를 연발했고, 누군가는 오로라를 제대로 보지도 못한 채 추위와 싸우다가만 왔노라고 푸념했다.

오로라를 보러 갈 때는 보통 한인 여행사를 주로 이용한다. 오로라를 보고자 한다면 미리 여행 계획을 세우고 오로라를 보고 올 수 있는 날짜를 잘 점찍어보자.

◆ 알래스카 크루즈 ◆

7박 8일 크루즈 여행을 다녀왔더니 재투성이 신데렐라가 된 기분이었다. 크루즈 선상에서는 드레스 입고 왕자와 춤추고 있었는데, 집에 돌아오니 집안 살림에 애들 뒷바라지를 도맡아야 하는 신세로 전락한 기분이랄까. 일상에 지친 나를 왕비처럼 극진히 모셔주던 크루즈 여행! 일생에 단 한 번이라도 그런 마법 같은 순간을 경험해 본 게 어디냐고 나를 다독였지만, 마음은 자꾸 마법의 힘을 빌려서라도 다시 그런 멋진 기회를 얻고 싶어지니 어쩌랴. "크루즈 여행이 그렇게 대단해?"라고 묻는다면 입에 침이 마르도록 얘기해줄 참이다.

"가보면 알아. 인생에서 한 번쯤은 꼭 다녀와!"

2장에서 말한 '크루즈 출항 프로모션'을 통해 우리 가족은 방 두 개 딸린 선실을 캐나다 달러로 어른 1,435달러, 아이는 세금만 279달러씩 지불했다. 매일 선상 팁으로 1인당 미국 달러 13.5달러씩 내느라 100달러 정도 추가되었고, 기항지에서 옵션 여행으로 일인당 200달러 정도를 지불했다. 그래서 일곱 명(어른 넷, 아이 셋)이 7박 8일 알래스카 크루즈 여행에 모두 760여만 원을 지출했다. 1인당 100만 원이 조금 넘는 비용으로 매 끼니를 호텔 최고급 식당이 부럽지 않은 식사에, 매일 밤 라스베이거스 쇼에 버금가는 공연을 보았다.

하지만 알래스카 크루즈 여행의 진가는 호사스런 생활에 있는 것이 아니다. 알래스카 크루즈 여행은 환경오염, 지구온난화 같은 문제를 아이들과 깊이 얘기 나눌 수 있는 산교육의 현장이었다. 그동안 아이들은 다양한 여행을 하며 잊을 수 없는 추억을 차곡차곡 쌓았지만, 앞으로 얼마 남지 않은 여행은 좀 더 생각할 거리에 집중하기를 바랐다. 그래서 한국으로 돌아오기 몇 달 전 UBC에 다니는 똑똑하고 예쁜 에미Emmie를 튜터로 소개받았다.

나는 에미에게 알래스카 크루즈 여행 전에 빙하의 생성 과정과 빙하의 과거와 현재, 그리고 지구온난화로 인해 발생하는 여러 문제에 대해 공부할 수 있도록 아이들을 지도해달라고 부탁했다. 크루즈에 가서도 비슷한 내용을 접하게 될 텐데 미리 알아두면 영어 듣기에 도움이 되리라는 계산도 있었다. 학교에서 프로젝트 수업을 계속 해왔던 아이들은 빙하에 대한 지식과 사회적 이슈를 찾아보고 이야기 나누는 시간을 무척 재미있어했다.

역시나 크루즈 여행 동안 우리는 알래스카의 빙하를 직접 보고 알래스카 글레시어베이Glacier Bay 국립공원의 레인저(관리인)들에게 빙하와 관련된 설명을 들었다. 아이들은 2년 가까이 캐나다에서 학교를 다니며 자연스럽게 습득한 영어 실력으로 레인저들의 설명을 잘 알아듣고 질문을 했다. 그 광경을 보면서 엄마로서 무척 뿌듯했다. 에미 튜터와 함께 쌓은 사전 지식에 직접 보고 듣는 현장성이 더해지니 빙하에 대한 이해가 더 깊고 넓어진 것 같았다. 에미 튜터와 같이 수업한 내용과 내가 생각한 교육적 효과를 한번 정리해보았다.

에미와 함께했던 빙하 수업

빙하라는 주제를 CLIL(Content & Language Integrated Learning, 지식과 언어의 통합 교육) 방식으로 접근했다. 즉 빙하에 대해 공부하면서 영어 학습도 될 수 있도록 수업을 디자인하는 것이다. 빙하에 대한 개념과 생성 과정 등 과학 지식을 쌓으면서 필요한 어휘와 문장을 학습한다. 또한 지구온난화로 인해 생겨난 빙하의 변화가 어떤 사회적 문제를 야기하는지 토론한다. 이때도 주제에 대한 어휘와 문장들을 같이 학습해 아이들의 언어 능력을 길러준다.

언어 영역

- 주제를 제대로 이해하기 위한 사전 어휘 학습
- 빙하의 소멸로 생기는 문제를 이야기할 때 쓸 수 있는 영어 표현 학습

과학 영역

- 빙하의 생성 과정과 그 변화에 대해 학습

사회 영역

- 지구온난화로 인한 빙하의 소멸, 그로 인해 생기는 사회적 문제 토론

◆ 세계 최대 공룡 화석 발견지, 드럼헬러 ◆

공룡에 빠져 그 어려운 공룡 이름을 하나도 아니고 무려 수십 개나 줄줄 외워대는 사내녀석들을 본 경험이 있을 것이다. 누군가는 당장 "우리 아들이 그래요!" 할지 모르겠다. 공룡 이름을 외우는 걸로 모자라 공룡이 살았던 시대, 각 공룡의 특징까지 백과사전을 오디

오로 재생시킨 것처럼 줄줄 읊는 아이도 보기는 했다. 하지만 공룡은 내 관심사도 아들의 관심사도 아니었다.

어느 날 로키 산맥 여행 계획을 짜던 중이었다. 캘거리 근처에 북미 최대의 공룡 화석 발견지, 드럼헬러Drumheller가 있다는 사실을 알게 되었다. 갑자기 공룡에 대한 관심이 부쩍 커졌다. 차로 두 시간만 가면 되는 옆 동네 캘거리를 가면서 '북미 최대, 세계 최대'라는 수식어가 붙은 곳을 그냥 지나칠 수는 없었다. 결국 하루 일정을 조정해 드럼헬러를 가기로 했다.

드럼헬러는 1억 년 전에 활동했던 공룡의 화석이 지금도 발굴되고 있는 곳이다. 세상에서 가장 덩치 큰 공룡과 티라노사우루스렉스의 완전한 모습도 바로 이곳에서 발견했다고 하니 '공룡의 수도The Dinosaur Capital of the World'라 불릴 만하다. 공룡에 대한 관심도, 드럼헬러에 대한 기대도 거의 없이 방문한 로열티렐Royal Tyrrel 박물관은, 들어서는 순간 타임캡슐을 타고 수천 년을 거슬러 올라간 것만 같은 느낌을 주었다. 몽환적 분위기를 띠며 펼쳐진 황무지 배드랜드Badland는 1억 년도 훨씬 전에 공룡들이 뛰어다녔던 곳이라고 한다. 문득 내가 영화 〈쥬라기 공원〉 속으로 들어와 있는 것 같은 착각이 들었다.

처음 로열티렐 박물관에 발을 들여놓는데 공룡 뼈와 공룡이 살았던 시대를 실감나게 재현해놓은 모형들, 복원 작업을 볼 수 있는 복원실이 시선을 끌었다. 그래도 가장 흥미로운 건 박물관에서 제공하는 다양한 체험 학습이었다. 현장이나 박물관 홈페이지(www.

tyrrellmuseum.com)에서 활동을 신청할 수 있다. 날씨가 좋은 날은 체험 활동도 일찍 마감되니 홈페이지에서 예약하는 것이 안전하다.

우리는 1인당 12달러 정도 되는 체험비를 내고 '다이노사이트Dinosite'란 활동을 신청했다. 전문가를 따라 배드랜드 지형을 10~15분 정도 하이킹하면서 화석의 특징과 구분법에 대해 설명 듣고 공룡 화석을 찾는 것이다. 과학 시간에 말로만 듣던 공룡 화석을 직접 보고 만져보는 경험도 특별했지만, 아이들과 1억 년 전 공룡이 뛰어다녔던 바로 그 장소에서 공룡의 화석을 찾아보는 기분이 남달랐다. 마치 어딘가에서 살아 있는 공룡이 툭 튀어나올 것만 같았다.

드럼헬러에는 공룡 박물관뿐만 아니라 배드랜드 지형을 잘 볼 수 있는 호스시프캐니언Horsethief Canyon과 호스슈캐니언Horseshoe Canyon 같은 장소도 있고, 전 세계에 오직 네 곳뿐이라는 후두스Hoodoos(자연의 오랜 풍화 작용으로 만들어진 버섯 모양의 돌기둥)를 볼 수 있는 곳도 있다. 여유가 있다면 공룡 주립공원Dinosaur Provincial Park도 가보자. 우리는 시간이 허락지 않아서 가지 못했지만, 이곳은 더 거대한 자연과 공룡에 관련한 자료가 보존되어 있다고 한다.

드럼헬러 여행을 계기로 공룡에 푹 빠져 새로운 꿈을 품게 되는 아이가 생길지도 모른다. 그렇지만 그 이야기가 우리 이야기가 되지는 않았다. 다만 공룡이 살던 바로 그 장소에서 공룡 화석을 찾기 위해 온 신경을 집중했던 그때, 나는 잠시 공룡이 살았던 쥐라기 시대에 다녀온 것은 확실하다. 시공간을 초월하는 경험, 그 순간을 만

나는 것이 내가 아이들을 데리고 여행 다니는 가장 큰 이유라고 자신 있게 말해본다.

◆ 지구의 신비를 체험하다, 옐로스톤 국립공원 ◆

학교 다닐 때 제일 싫어한 과목이 과학이었다. 과학은 아무리 해도 이해가 안 돼 수능 과학 영역에서 찍기 신공을 발휘하기도 했다. 옐로스톤 국립공원에 가서 지구의 신비를 직접 보고 체험하면서 '아, 내가 어릴 적 여기를 왔으면 과학을, 아니 적어도 지구과학과 생물은 좋아했을 텐데' 하고 부모님 원망을 잠시 했다. 학창 시절 과학을 싫어했던 이유를 부모님한테 돌리는 건 우스운 일이지만, 정말 그 순간은 그런 생각이 들었다. 어릴 때 자연의 신비를 몸소 보고 체험하면 적어도 과학을 포기하는 학생은 되지 않았을지 모르겠다. 왠지 몹시 아쉬웠다.

세계 최초의 국립공원인 옐로스톤은 지구과학의 산실이다. 지구의 신비를 눈으로 확인할 수 있는 곳이자 믿어지지 않는 자연의 현상이 눈앞에 펼쳐지는 곳이다. 그랜드캐니언, 요세미티, 알래스카 등 미국의 국립공원과 옐로스톤은 뭔가 달랐다.

여행 가기 전 옐로스톤에서 볼 수 있는 지열 활동들에 대해 약간의 사전 지식만 가져간다면 여행이 훨씬 흥미로워질 것이다. 알고 있는 지식을 눈으로 확인하며 아이들은 더 큰 학습 동기를 얻을 테니까 말이다. 그래서 에미 튜터에게 옐로스톤에 대한 수업을 부탁했다.

덕분에 아이들은 지열 활동과 그로 인한 지각 변동의 특징을 정리할 수 있었다.

옐로스톤 국립공원에서 볼 수 있는 지열 활동

머드 포트 Mud Pot
땅속 깊이 흐르는 마그마가 지하수를 데워서 진흙물이 부글부글 끓어오르는 곳

증기 구멍 Steam Vent
땅이 갈라진 틈새로 증기가 뿜어져 나오는 곳

온천 Hot Spring
물이 데워져 아름다운 빛깔을 띠는 온천

간헐천 Geyser
일정한 간격으로 뜨거운 물이나 수증기를 뿜어내는 온천

트래버틴 Travertine
물에 녹아 있는 석회암의 탄산칼슘이 가라앉아서 하얗게 테라스를 형성하는 곳

지금까지 어떤 여행에서도 옐로스톤 국립공원처럼 가는 곳마다 기이하고 놀라워서 탄성을 멈추지 못한 곳은 없었다. 아름다운 자연이나 멋진 예술 작품, 문화재를 만났을 때 느꼈던 감동과는 또 다른 경험이었다. 8자 지형의 옐로스톤을 돌면서 여러 지열 활동들을 직접 확인할 수 있는데, 그 모든 곳이 지구가 살아 숨 쉬고 있음을 증명해주는 현장이었다. 그런 신비한 현상들을 볼 수 있다는 사실이 그저 신기하기만 했다.

옐로스톤의 또 다른 매력은 산, 강, 호수를 모두 품고 있는 태초의 자연과 그 안에서 살고 있는 야생동물을 만날 수 있는 기회를 선사해준다는 것이다. 글 실력이 부족하여 얼마나 아름답고 신비롭고 반가운지 전달하지 못하는 게 답답할 뿐이다. 거두절미하고 그냥 꼭 한 번 가보라고, 가면 정말 잘 왔다고 무릎을 칠 거라고 말하고 싶다.

문학 여행

◆ 아이들의 친구, 해리포터 ◆

캐나다에 처음 와서 나와 아들, 조카 여원이 셋만 덩그러니 있었을 때, 적응하느라 바삐 지내면서도 딱히 할 것도 없던 그 시절, 아이들에게 최고의 친구가 되어준 건 해리포터와 헤르미온느였다. 특히 조카 여원이는 내가 아무리 최선을 다해 엄마 노릇을 하려고 애썼어도, 가족과 떨어져 지내면서 혼자 얼마나 외로웠을까. 지금 생각해도 짠하다. 그런 여원이에게는 소설 속 친구들이 더더욱 큰 위로가 되었을 것이다.

캐나다에 와서 귀와 말문이 얼른 트이길 바라는 마음으로 아이들에게 영화를 더빙과 자막 없이 자주 틀어줬다. "무슨 영화 볼래? 아니 드라마 볼까?" 물어보면 책 《해리포터》를 독파한 여원이는 항상 "해리포터요!" 했다. 그래서 해리포터 영화 전편을 다운받아서 시간이 날 때마다 보여주었다. 도대체 몇 번을 봤을까? 아이들은 해리포터 영화를 보고 또 봤다. 그러더니 어느 날부터인가 둘이 해리포터 책과 영화에 나오는 주인공 대사들을 줄줄 외워대는 게 아닌가! 둘이 주거니 받거니 해리포터와 헤르미온느를 흉내내는 모습을 보고 있자니, 놀면서 영어를 배워가는 아이들이 기특하고 신기하기만 했다.

캐나다에서 알게 된 한 한국 엄마는 아이들에게 "해리포터 전편을 영어로 다 읽으면 플로리다에 있는 유니버설스튜디오에 가서 해리포터를 만나고 오자"고 약속했다고 한다. 그것이 동기부여가 되어 딸 둘이 부지런히 해리포터를 읽더니 어느 날 "이제 해리포터를 만나러 가요"라고 했단다. 그래서 아이들과 약속의 땅 플로리다에 가서 유니버설스튜디오와 디즈니월드를 구경시켜주었단다.

아이들이 공부든 독서든 어떤 활동을 하는 데 있어 가장 긍정적인 결과를 내는 것은 내적 동기를 가지고 자발적으로 활동했을 때다. 그것을 해야 하는 이유가 스스로 설득될 때 그 활동은 지속성과 성과를 낸다. 하지만 세상의 모든 아이들이 모든 활동에 '자발적 내적 동기'를 가지기는 힘들다. 그럴 때는 '보상' 같은 외적 동기부여도 필요하다. 외적 동기부여가 너무 빈번하면 효용성이 떨어지지만, 적절할 순간에 합당한 이유로 주어지면 꽤 만족할 만한 성과를 기대해 볼 수 있다. 처음에는 외적 동기부여로 시작한 활동에서 아이들이 스스로 재미를 찾거나 성취감을 얻게 되면 '외적 동기의 내적 동기로의 전환'도 가능하다. 그래서 '보상'을 색안경을 끼고 볼 것도 아니고, 반대로 무분별하게 남발해서도 안 된다.

원서《해리포터》를 다 읽으면 해리포터를 만나러 플로리다 유니버설스튜디오에 가자는 '보상'은, 이미 한국말로 다 읽었지만 영어로 읽어볼 엄두를 못 냈던 아이들에게 최고의 외적 동기부여가 될 것이다. 해리포터를 원서로 읽다 보면 아이들의 영어책 읽기 실력도 훌쩍 성장한다. 그렇다고 영어책 읽기 실력이 안 되는 아이들에게 이런 '보상' 제안은 오히려 부작용을 낳을 수 있으니 조심하자. 해리포터나 유니버설스튜디오에 전혀 관심 없는 아이들에게도 이런 '보상'은 외적 동기가 되지 않는다. 그러니 내 아이의 관심사와 능력치를 고려하여 상황에 맞는 적절한 외적 동기를 부여하는 것, 그것이 부모와 교사가 아이들의 성장을 도울 때 쓸 수 있는 '전략'임을 알아두면 좋겠다.

내가 우리 아이들에게 이런 외적 동기 유발을 위해 '보상'으로 해리포터를 만나러 가자고 제안한 것은 아니다. 우리 아이들은 이미 대사를 줄줄 읊을 만큼 해리포터와 그 친구들에게 빠져 있었기 때문이다. '이쯤 되었으니 우리도 슬슬 해리포터를 만나러 가야겠구나' 싶었다. 비록 플로리다까지 가기는 힘들어도 밴쿠버와 가까운 LA의 유니버설스튜디오는 갈 수 있겠다 싶었다. 마침 크리스마스 휴가가 시작되었고, 우리는 겸사겸사 밴쿠버-샌디에이고 종단 여행길에 올랐다.

하루에 네다섯 시간씩 차에서 시간을 보내야 했던 아이들에게 친구가 되어준 건 역시나 해리포터와 헤르미온느였다. 노트북에 저장된 해리포터 영화를 한 편 보고 한두 시간 자고 일어나면 어느새 우리는 그날의 목적지에 와 있었다.

◆ 엄마의 추억, 빨강머리 앤 ◆

"얘들아, 너희 친구 해리포터를 만나고 왔으니 이젠 엄마 친구도 만나러 가자!"

캐나다살이를 계획하면서 나의 친구 빨강머리 앤을 꼭 만나고 돌아오겠다고 마음먹었다. 나에게 캐나다는 빨강머리 앤의 나라였고, 캐나다에 오면 쉽게 빨강머리 앤을 만날 수 있을 줄 알았다. 열한 살 소녀일 때 TV 만화영화로 만난 동갑내기 친구, 빨강머리 앤. 앤의 독특한 말투와 행동이 얼마나 사랑스러웠는지. 또한 앤과 다이애나의 우정은 친구 관계에 민감한 열한 살 소녀에게는 더없이 부러운 일이었다. 초록 지붕 집과 연인의 오솔길, 도깨비 숲, 그 모든 장소에서 나도 앤과 다이애나와 함께 뛰어놀고 싶었다. 그리고 언젠가 그곳에 꼭 가봐야지 결심했다. 가서 앤도 다이애나, 길버트, 매튜 아저씨, 마릴다 아줌마도 모두 만나겠다 꿈꾸었다.

최근 총망받는 그림책 작가인 미국의 맥바넷Mac Barnett이 테드TED 강연에서 자기가 그림책을 쓰는 이유를 이렇게 말했다.

> "이야기가 아무리 이상해도 그것이 진실과 닮은 순간에는 그것을 믿게 됩니다. 어린이들만 그런 것이 아닙니다. 어른들도 책을 읽을 때 그럴 수 있습니다. 그래서 수많은 사람들이 런던 베이커가로 셜록 홈즈의 집을 찾아갑니다. 221B는 실제로 존재하지 않는 주소이고 건물에 적힌 번호일 뿐인데 말입니다. 우리는 실재 인물들이 아님을 알면서도 실제의 감정을 가지고 있죠. 그 인물들이 실제가 아님을 알지만 또한 실재함을 압니다. 어린이는 어른보다 훨씬 쉽게 그렇게 합니다. 그래서 저는

어린이 동화를 쓰는 게 좋습니다."

어린 시절 빨강머리 앤은 실재가 아니지만 실제로 나의 친구였고, 초록 지붕 집도 실제가 아니지만 난 그것이 실재함을 믿었다. 그래서 마흔이 넘은 아줌마가 되었어도 내 어릴 적 친구 빨강머리 앤을 꼭 만나고 싶었다. 그렇게 우리의 여행이 시작되었다.

엄마가 왜 그토록 빨강머리 앤을 만나러 가고 싶어하는지 아이들도 공감해주길 바라는 마음으로 유튜브에서 내가 어릴 적 보던 일본 애니메이션 〈빨강머리 앤〉을 찾아 아이들에게 보여주었다. 그리고 도서관에서 빨강머리 앤의 원작 《Anne of Green Gables》를 빌려 함께 읽었다. 조카 여원이는 여자아이고 책 읽기를 좋아해 나의 프로젝트에 적극 동참해주었지만, 아들은 역시나 큰 관심을 보이지 않았다. 하지만 아들도 언젠가 이 여행을 추억하며 엄마의 마음을 조금이라도 알아줄 것을 기대하며 우리는 꽤 긴 여행을 떠났다.

밴쿠버에서 빨강머리 앤이 있는 프린스에드워드 섬까지는 그리 호락한 여정이 아니다. 물론 비행기를 타고 바로 갈 수도 있지만, 이왕 서부에서 동부로 넘어가는데 한 곳만 달랑 찍고 오기가 아쉬웠다. 동부에는 나이아가라 폭포도, 캐나다 최대의 도시 토론토도, 드라마 〈도깨비〉의 배경 퀘벡도 있다. 그 밖에 천섬, 몬트리올, 페기스코브와 니혼베이, 루넌버그 등 가보고 싶은 곳이 너무 많았다. 우리는 토론토 공항에서 차를 렌트해 약 2주 동안 나이아가라 폭포부터 빨강머리 앤을 만날 수 있는 프린스에드워드 섬까지 캐나다 동부를 거슬러 올라갔다. 맨 마지막 일정을 프린스에드워드 섬으로 잡으면서 40년을 기다렸는데 고작 10일을 못 기다릴까 여겼다. 하지만 토론토에서 프린스에드워드 섬까지 가는 그 10일은 못 견디게 지루했다.

마침내 앤의 고향에 도착했다. 프린스에드워드 섬 도로에 들어서는 순간부터 '드디어 내가 이곳에 왔다'는 설렘으로 가슴이 몹시 벅찼다. 너무 멀었지만 결국 와서 행복했고, 별것 없었지만 그래서 더 좋았다. 빨강머리 앤을 추억하며, 앤과 함께 행복해 했던 내 유년 시절을 추억하며, 나는 2년의 캐나다살이 중 가장 가슴 벅찬 3일을 그곳에서 보냈다.

실재하지 않지만 나의 실제 친구 빨강머리 앤.

"앤, 네가 그곳에 없다는 걸 알지만, 내 마음속의 너는 여전히 거기 있어. 그래서 먼 길을 물어물어 갔어. 너를 만나 깨달았지. 난 마흔 살 아줌마지만 내 안에는 여전히 열한 살 소녀가 살아있음을. 너를 만난 기쁨은 꼬부랑 할머니가 되어도 내 안의 열한 살 소녀를 지켜낼 힘이 될 거야. 안녕, 잘 있어, 빨강머리 앤."

나는 앤에게 작별인사를 하고 다시 밴쿠버로 돌아왔다. 우리는 돌아오는 내내 노래했다.

"주근깨 빼빼 마른 빨강머리 앤 이쁘지는 않지만 사랑스러워!"

한국에 돌아와 넷플릭스에 있는 캐나다 드라마 〈Anne with an E〉를 보기 시작했다. 어릴 적 〈빨강머리 앤〉 애니메이션이 나를 상상의 프린스에드워드 섬으로 데려갔다면, 이 드라마는 내가 다녀온 추억의 프린스에드워드 섬으로 매번 나를 데려다 준다. 드라마를 보며 속으로 항상 인사한다.

"잘 지내지? 빨강머리 앤!"

나를 찾아 떠난 여행

◆ 캐나다의 대자연, 로키 산맥 ◆

남들은 한 번도 가기 힘든 곳을 2년 동안 네 번씩이나 갔던 이유, 은퇴하면 꼭 밴프에서 사계절을 살아보겠다는 다짐, 소중한 사람들과 함께 가고 싶은 곳 1순위를 물으면 캐나다 로키 산맥이라고 할 주저 없는 선택. 왜일까? 어째서 나는 그곳을 네 번씩 갔고, 그러고도 1년을 꼭 살아보고 싶고, 소중한 사람들을 데리고 그토록 다시 가려고 하는지 남들이 이해할 수 있게 논리적으로 설명해보려고 고민을 거듭했다. 물론 내가 아직 스위스나 뉴질랜드 남섬의 대자연을 보지 않았기 때문일 수도 있다. 세계 곳곳을 열심히 돌아다녔지만, 나는 여전히 가본 곳보다 가보지 못한 곳이 더 많다. 아프리카의 초원도 남미의 정글도 아직 가보지 않은 상황에서 "난 무조건 캐나다 로키 지역이 최고라고 생각해!"라고 외치는 건 참 무모할지도 모른다. 그런데 논리 앞세우지 않고 내 경험과 감정에 솔직하자면 난 그냥 이유 없이 캐나다 로키의 이곳저곳이 너무 좋다. 엄마 품처럼 좋다.

굽이굽이 펼쳐진 산맥에 산봉우리는 도대체 셀 수가 없다. 저 산을 넘고 또 저 산을 넘으면 무엇이 있을까? 어떤 풍경이 이어질까? 몹시 궁금했다. 어쩌다 오른 산 중턱에서 꿈에서나 볼 것 같은 장면을 목격했다. 그때부터 산을 오르면 어떤 풍경이 나올지 궁금해졌고, 산을 오를 때마다 옆 봉우리가 품은 풍경이 몹시 보고 싶었다. 그 궁금증은 나를 그곳으로 네 번이나 이끌었고, 그때마다 나는 소중한 가족과 친구들을 데리고 갔다. 진심을 다해 그들이 나처럼 로키의 품을 느끼길 바랐다.

캐나다에서 살아보기 여행은 상당히 여유 있을 것 같지만, 사실 엄마로서 할 일이 너무 많아 개인적 시간은 오히려 더 없다. 집안일과 육아를 분담할 가족도 없는데 매일 도시락 싸야지, 하루에 몇 번씩 아이들 태우고 운전해야지, 거기에 장 보고 청소하고 빨래하다 보면 시간이 후다닥 지나간다. 잠시라도 아이들을 맡길 곳이 여의치 않으니 내 시간을 갖기가 보통 어려운 일이 아니다. 24시간 껌딱지처럼 아이들이 붙어 있다고 생각하면 된다.

매일 고군분투하는 나에게도 가끔은 아이들 없이 여행할 수 있는 시간을 선물해보자. 친구나 가족이 잠깐 캐나다에 다니러 왔을 때, 아니면 아이들이 며칠 여름캠프를 갔을 때 등을 나만의 여행 시간으로 만들기를 적극 추천한다. 아이들과 함께 갔던 장소를 혼자 다시 가면 느낌이 또 다르다. 선물처럼 주어진 혼자만의 시간에 꼭 로키 지역을 갈 필요는 없지만, 상황이 된다면 로키에 가서 루이즈레이크의 벤치에 앉아 몇 시간이고 호수를 바라보라고 권하고 싶다. 그곳에 앉아 있다 보면 사람들이 지나다니는 풍경과 떠드는 소리가 영화 속 장면처럼 아련히 멀어지면서 나와 호수만이 서로 마주보고 있는 것 같은 느낌에 휩싸인다. 햇빛의 각도와 구름의 그림자에 따라 하루에도 몇 번씩 변하는 호수의 오묘한 빛깔을 보고 있는 것도 얼마나 신비로운 경험인지 모른다.

집 앞 슈퍼도 운전해서 가던 내가, 산을 오르면서 마음이 채워지는 경험을 하고 나서는 하이킹 전도사가 되었다. 장차 전 세계 하이킹 코스에 도전해보고픈 하이킹 꿈나무가 되었다. 나의 변화를 믿고 로키의 수려하고 장엄한 산세를 한 번이라도 꼭 경험해보라고 권하고 싶다. 관광지만 찍고 오는 여행 말고! 산길을 걸으며 떠오르는 생각들과 마주하다 보면 어느새 그 길은 나를 찾아 떠난 여행이 되어 있었다. 언젠가 밴프에서 사계절을 살게 된다면 로키 지역의 하이킹 코스들을 모두 섭렵해보고 싶다.

캐나다에 간 이상 로키 지역 여행은 절대 빠뜨리지 말자. 아이들을 데리고 간 여행이지만 며칠쯤은 나만을 위해 여행을 떠나보자. 엄마 마음에 행복이 충만해야 아이들도 행복할 수 있음을 기억해야 한다.

◆ 인생 여행, 쿠바 ◆

내 인생 버킷리스트 1순위는 '쿠바 여행'이다. 항상 꿈꾸면서도 그 꿈이 어느 날 그렇게 쉽게 실현될 줄은 상상도 못 했다. '언젠가는!'이라고 늘 되뇌었지만 솔직히 현실화 하기에는 넘어야 할 산이 너무도 많았기 때문이다.

언제부터 '쿠바'가 내 마음에 들어왔나 되짚어보니, 영화 〈부에나 비스타 소셜 클럽〉을 보면서였던 것 같다. 허름하고 낡은 도시를 가득 채운 쿠바 여인들의 환한 웃음을 본 순간, 인간의 본성이 아직 자본주의로 물들지 않은 저 곳을 꼭 한 번 갈 수 있기를 기도했다. 결혼 전 댄스 동호회에서 라틴 음악과 쿠바 재즈에 맞춰 춤추면서도 그 기도를 멈추지 않았다. 그래도 어떻게 내게 쿠바 갈 기회가 주어졌는지 지금도 생각하면 참 신기하다.

캐나다에서 첫 해를 보내고 두 번째로 맞이하는 여름에 엄마가 한 달 정도 지내러 오셨다. 엄마는 성지순례로 세계 곳곳을 다녔는데, 이번 여행에서도 가보지 못한 성지를 한 군데 가고 싶어했다. 그렇게 결정된 곳이 멕시코시티에 있는 과달루페 성당이었다. 덕분에 난 엄마를 모시고 멕시코시티에 가게 되었고, 간 김에 옆 나라 쿠바까지 가기로 했던 것이다.

누군가는 쿠바가 인생 최고의 여행지라고 하고, 누군가는 더럽고 볼거리 없는 최악의 여행지로 쿠바를 손꼽는다. 확실히 갈리는 호불호에 하루에도 열두 번 '가야 하나 말아야 하나(그것도 엄마를 모시고)'

고민했지만, 후회를 하더라도 갔다 와서 하자고 맘먹고 결국 쿠바행 비행기표를 샀다.

안 갔으면 어쩔 뻔했나! 도전해보지 않고 미련을 두느니 후회하더라도 해보고 후회하자는 생각은 역시 옳았다. 사람들 말대로 쿠바는 지저분했고, 불편했으며, 먹거리도 형편없었다. 아름다운 자연도, 훌륭한 예술 작품도 만나지 못했다. 그런데 쿠바는 내 인생 최고의 여행지가 되었다.

여행하는 내내 나는 쿠바를 사랑하지 않을 수 없었다. 딱히 내세울 것도 없는 그곳이 왜 그렇게 좋았는지 생각해보니, 답은 사람이었다. 쿠바 사람들이 지닌 순수한 눈빛은 세상 어디서도 본 적이 없다. 골목마다 흘러나오는 재즈 음악에 몸을 맡긴 쿠바 사람들은 권력도 물질도 괘념치 않는 자유로운 영혼 같았다. 파스텔 톤으로 알록달록 페인트칠을 한 오래된 건물들은 도시를 오히려 아련하고 애틋한 느낌이 나도록 해주었다. 나는 그렇게 재즈를 부르고, 음악에 몸을 맡기고, 아름다운 컬러로 도시를 물들여놓은 쿠바 사람들의 감각을 사랑하지 않을 수 없었다.

타국에서 아이들 돌보느라 정신이 없었던 시간 동안 온전히 나에게 집중할 수 있었던 쿠바 여행. 그래서 더 특별한 추억이 되었던 것 같다. 우리는 엄마이기 이전에 한 개인이다. 1년에 한 번쯤은 아이들 끼니, 안전, 학습을 챙겨야만 하는 의무에서 벗어나 자신을 다독이는 시간이 절실히 필요하다. 하지만 순수한 쿠바 사람들의 눈빛을 보면서, 갑자기 내 아이의 순수한 눈빛과 말투가 몹시 그리워졌다. 나를 위해 떠나온 여행인데 두고 온 아들이 사무치게 그리운 이유는 도대체 뭘까?

돌아오는 비행기 속에서 결국 인정할 수밖에 없었다. 때로는 엄마의 의무에서 간절히 벗어나고 싶어하지만 나는 엄마고, 아들은 내 삶의 일부란 것을.

아이가 커서 정말 내 품을 떠나면 그때는 아이 생각, 아이 걱정은 훌훌 떨쳐버리고 꼭 다시 쿠바를 갈 것이다. 그때까지 쿠바 사람들이 순수한 눈빛을 간직하고 있었으면 좋겠다.

Fun travel

엄마아빠의

여행 포토북

캐넌비치

미국 LA

올림픽 국립공원

오소유스

요세미티 국립공원

앤텔로프캐니언

세도나

밴프

캘거리

스탬피드 축제

빅토리아

로키 산맥

멀린레이크의 스피릿섬

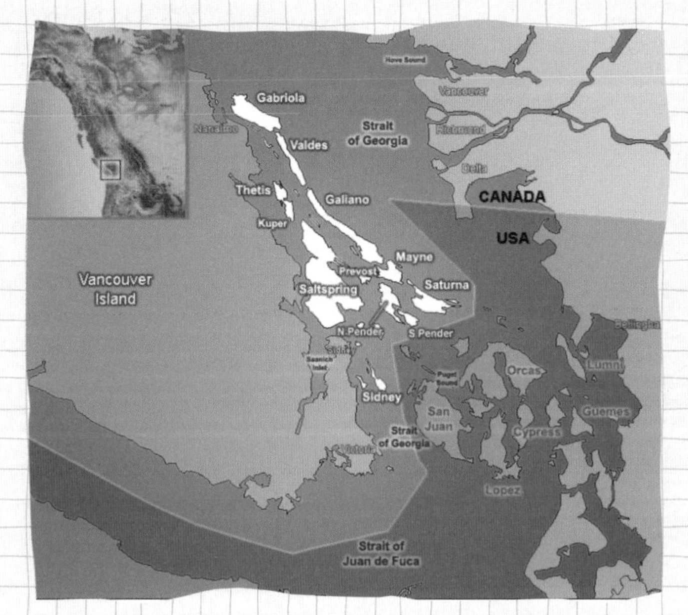

걸프아일랜즈 지도

걸프아일랜즈

나이아가라 폭포

오타와 국회의사당

유니버설스튜디오

마혼베이

옐로스톤 국립공원

옐로스톤 국립공원

지구의 신비를 눈으로 확인할 수 있는 곳이자 믿어지지 않는 자연의 현상이 눈앞에 펼쳐지는 곳이다. 여러 지열 활동들을 직접 확인할 수 있는데, 그 모든 곳이 지구가 살아 숨 쉬고 있음을 증명해주는 현장이었다.

알래스카

글레시어베이 국립공원

알래스카 크루즈

알래스카 크루즈 여행의 진가는 호사스런 생활에 있는 것이 아니다. 알래스카 크루즈 여행은 환경오염, 지구온난화 같은 문제를 아이들과 깊이 얘기 나눌 수 있는 산교육의 현장이었다.

TRAIN JOURNEY

드럼헬러

전문가를 따라 배드랜드 지형을 10~15분 정도 하이킹하면서 화석의 특징과 구분법에 대해 설명 듣고 공룡 화석을 찾는 체험을 할 수 있다. 1억 년 전 공룡이 뛰어다녔던 바로 그 장소에서 공룡의 화석을 찾아보는 기분이 남달랐다.

프린스에드워드 섬

빨강머리 앤의 집

쿠바 아바나

아바나의 골목

쿠바 바라데로 해변

쿠바 혁명광장의 상징,
체 게바라 조형물

캐나다에 가면 어디서나 쉽게 만날 수 있는 한국 사람들, 여기저기서 들려오는 한국말에 깜짝 놀란다. 이민자들도 많지만 어학연수, 살아보기 여행을 온 가족도 무수하다.

외국에 나가면 한국 사람들끼리 서로 참 애틋해진다. 어려운 일이 생기면 도와주고, 친하게 지내면서 여행도 같이 다니고, 정보도 공유한다. 먼저 온 선배 엄마들은 뒤에 들어오는 한국 가족들을 살뜰히 챙겨준다. 그래서 낯선 타향이라도 큰 어려움 없이 지낼 수 있다.

그럼에도 나는 뭔가 살짝 아쉬웠다. 아이와 함께 온 이상 교육의 질을 더욱 높이면서 일상을 풍요롭게 해줄 소소한 '꿀팁'이 필요했다. 어딘가에 꽁꽁 감춰져 있는 비밀 정보가 아니라, 캐나다에서 몇 개월 살아야 주워들을 수 있는 알짜배기 팁들 말이다. 그런 정보를 늦게 접해 기회를 놓칠 때마다 얼마나 속앓이를 했는지 모른다. 놓치면 다시 만나기 힘든 기회가 아닌가. 그래도 명색이 영어 교육 전문가인 내가 후배 엄마들에게 조금이나마 도움을 줄 수 있었으면 하는 마음이 생겼다. 누군가가 미리 한 번 전체적으로 알려만 줘도 주어진 시간을 훨씬 알차고 재미있게 채우고 오지 않을까?

아이에게 즐거운 영어 교육의 기회를 만들어주고 싶은 부모님들, 아이와 함께 '캐나다에서 살아보기'를 하고 싶은데 선뜻 용기를 못

내는 부모님들, 캐나다에 가기로 마음먹었지만 뭘 어찌해야 할지 막막한 부모님들, 아니면 캐나다로 떠나기 전 막바지 준비에 한창인 가족들, 그리고 이미 캐나다에 도착했지만 여전히 꿀팁이 필요한 분들! 그 모든 분들을 위해서 이 책을 썼다. 나의 귀띔이 정보에 목말라하는 부모님들 속을 시원하게 적셔주기를 간절히 바란다.

SNS 메신저로 루카스 엄마, 줄리에게서 연락이 왔다. 루카스를 혼자 한국에 보내려고 하는데 괜찮겠느냐고 물었다. 루카스가 준혁이도 보고 싶고 한국도 궁금하다며 한국행 비행기표 살 돈을 모았다고 했다. 너무나 반가운 소식이었다.

그해 겨울, 루카스는 한국에 와서 3주 동안 소중한 추억을 잔뜩 쌓고 돌아갔다.

캐나다에서의 2년은 아이들이 즐겁고 편안하게 영어를 배우는 시간만 허락한 게 아니었다. 소중한 인연과 값진 경험까지 얹어주었다. 항상 부족한 엄마라고 자책하지만, 그래도 내가 엄마로서 가장 잘한 일이 무엇일까 뒤돌아보면 1초의 망설임도 없이 "아이와 함께 캐나다에 가서 살아본 것"이라고 말하겠다. 캐나다에 가기까지 우여곡절이 많았지만, 우리는 캐나다에서 2년을 행복하게 살다 왔다. 만약에 누군가 캐나다로 떠난다면 그들도 우리처럼 캐나다에서 최고의 행복을 만끽하고 돌아왔으면 좋겠다. 진!심!으!로!

Friendship
day

starry
night

아이와 간다면, 캐나다

개정판 발행 | 2022년 6월 25일

지은이 | 박은정
발행인 | 이종원
발행처 | (주)도서출판 길벗
출판사 등록일 | 1990년 12월 24일
주소 | 서울시 마포구 월드컵로 10길 56(서교동)
대표 전화 | 02)332-0931 | 팩스 · 02)323-0586
홈페이지 | www.gilbut.co.kr | 이메일 · gilbut@gilbut.co.kr

기획 및 책임편집 | 최준란(chran71@gilbut.co.kr) | 표지 디자인 · 강은경 | 본문 디자인 · 황애라
제작 · 이준호, 손일순, 이진혁 | 영업마케팅 · 진창섭, 강요한 | 웹마케팅 · 조승모, 송예슬
영업관리 · 김명자, 심선숙, 정경화 | 독자지원 · 윤정아, 최희창

편집진행 및 교정 · 이신혜 | 본문디자인 및 전산편집 · 박은비
CTP 출력 · 두경m&p | 인쇄 · 두경m&p | 제본 · 경문제책

ISBN 979-11-4070-024-0 03590
(길벗 도서번호 050194)